이기적 유인원

이기적 유인원

초판 1쇄 발행 2020년 4월 3일

지은이 니컬러스 머니 / **옮긴이** 김주희

펴낸이 조기흠
편집이사 이홍 / **책임편집** 이수동 / **기획편집** 최진, 박종훈
마케팅 정재훈, 박태규, 김선영, 홍태형, 배태욱 / **디자인** 리처드파커 이미지웍스 / **제작** 박성우, 김정우

펴낸곳 한빛비즈(주) / **주소** 서울시 서대문구 연희로2길 62 4층
전화 02-325-5506 / **팩스** 02-326-1566
등록 2008년 1월 14일 제 25100-2017-000062호

ISBN 979-11-5784-401-2 03470

이 책에 대한 의견이나 오탈자 및 잘못된 내용에 대한 수정 정보는 한빛비즈의 홈페이지나
이메일(hanbitbiz@hanbit.co.kr)로 알려주십시오. 잘못된 책은 구입하신 서점에서 교환해드립니다.
책값은 뒤표지에 표시되어 있습니다.

홈페이지 www.hanbitbiz.com / 페이스북 hanbitbiz.n.book / 블로그 blog.hanbitbiz.com

이기적 유인원

THE SELFISH APE

니컬러스 머니 지음 | **김주희** 옮김

HB 한빛비즈 Hanbit Biz, Inc.

머리말

당대에 영광을 누린 시인이나 철학자, 혹은 예술가가 여우보다 교활하고 호랑이보다 무시무시한 ,헐벗은 야만인의 후손일 가능성에 의심의 여지가 없다고 말하면 그들이 남긴 고귀한 유산을 진정 모욕하는 것일까?

토머스 헉슬리Thomas Huxley,

《자연에서의 인간의 위치Man's Place in Nature》(1863)

이 책은 우리가 어떤 존재인지를 이야기한다. 아침에 욕실 거울을 들여다볼 때면 이따금 내 뒤에서 눈을 껌뻑이는 어리석은 짐승과 마주한다. 유난히 예감 좋은 날에는 거울 속에 '웃고 있는 기사'(네덜란드 화가 프란스 할스가 그린 초상화 - 옮긴이)가 등장하기도 하지만, 대부분은 다소 우울해 보이는 남자다. 누가 나타나든 간에, 피부에 신경 쓰고 하루가 지날수록

다가오는 죽음을 두려워하는 그 시간은 내 허영심을 말해준다. 자아도취가 극에 달한 이 시대에 나는 다른 이보다 덜 이기적이라고 생각하지만, 얼마 전에 그러한 내 생각과 대비되는 노래 한 곡을 썼다. 이 곡은 섬세한 감성을 지닌 젊은이가 빅토리아 시대의 연주회장에서 카랑카랑한 목소리로 부르면 잘 어울릴 것이다. 첫 소절은 다음과 같다.

> 부유하지도 유명하지도 않은 지금,
> 인생은 나에게 얼마나 잔인한가?
> 그래도 난 그럭저럭 살아가야 해.
> 용기를 내야 해.

내 이야기는 이것으로 충분하다. 우리는 모두 아프리카 유인원의 한 종에 속하는데, 1758년 칼 린네Carl von Linné는 아프리카 유인원에게 지혜로운 사람이라는 뜻의 '호모 사피엔스Homo sapiens'라는 라틴어 학명을 붙였다. 당시 린네는 우리가 영리한 존재라고 확신했을 것이다. 인간은 역사 전반에 흐르는 그러한 망상의 영향으로 자신이 특별한 존재라는 터무니없는 착각에 빠졌고, 생물학적 세계의 어떤 존재보다 인간이 우월하다고 주장하며 인류의 과학적 성취가 더 밝은 미래를 만들고 있다는 끔찍한 고정관념을 지니게 되었다. 한 유명한

학자의 의견에 따르면, 우리는 신과 동일한 능력을 지닌 새로운 차원의 인간 '호모 데우스Homo deus'로 살아간다.[1] 하지만 21세기에 들어서 집단 지성은 바닥나고, 전 세계인은 오로지 자신만을 생각하며 에너지를 낭비하기에 '호모 에고티스티쿠스Homo egotisticus' 또는 '호모 나르키소스Homo narcissus', 즉 자기중심적 인간이라는 학명이 더 잘 어울린다.

대략적인 나르키소스 신화는 아마도 독자에게 친숙하겠지만, 새로운 시각으로 살펴보도록 하자. 로마 시인 오비디우스Ovidius의 《변신 이야기Metamorphoses》에서 강의 요정 리리오페의 아들 나르키소스는 잘생긴 청년이었다. 여자, 남자, 그리고 숲과 물의 정령까지도 나르키소스에게 마음을 빼앗겼다. 나르키소스는 그들의 시선은 즐겼으나 구애에는 모두 퇴짜를 놓았다. 그러던 중 나르키소스에게 거절당한 한 남성이 나르키소스가 앙갚음당하기를 기도했고, 네메시스 여신이 그 기도를 들어주었다. 숲속에서 쉴 곳을 찾던 나르키소스는 맑은 물웅덩이에 비친 자신의 모습에 넋을 잃었다. 물속의 청년과 사랑에 빠진 나르키소스는 청년을 껴안을 수 없다는 사실에 격분했고, 잠시 후 사랑에 빠진 상대가 바로 자기 자신이라는 사실을 깨달았다. 하지만 그는 정신을 차리기는커녕 청년을 향한 욕망을 더욱더 키웠다. 견딜 수 없이 괴로워하던 나르키소스는 결국 죽음을 맞이했다.

이 가엾은 청년보다 우리가 영리하다고 우월감을 느끼기에 앞서, 나르키소스의 자기 보존 본능에서 나온 자기중심적 사고가 오늘날 기후변화에 맞서 싸울 능력이 없거나 싸울 마음이 없다는 속내를 드러낸 인류에게도 적용된다는 점을 명심하자. 인간의 사고방식에서 오비디우스의 상상을 초월하는 나르시시즘이 발견된다. 우리는 우주 파괴자다. 18세기 에드워드 기번Edward Gibbon은 위대한 저서 《로마 제국 쇠망사The History of the Decline and Fall of the Roman Empire》를 남겼다. 그런데 '지구 쇠망사'를 쓸 역사가는 없을 것이다. 린네 이후 3세기 동안, 우리는 호모 사피엔스를 다시 명명해야 할 근거를 수없이 마련했다.

> Homo narcissus: illa simiae species Africana ab origine quae adeo orbem pervastavit terrarum ut ipsa extincta fiat.[2]
>
> 호모 나르키소스: 지구 생물권을 완전히 파괴하여 자신을 멸종의 길로 몰아넣은 아프리카 출신 유인원의 한 종.

우리는 좀 더 객관적으로 자신을 인식하고, 우리와 우리가 아닌 존재에 감사해야 한다. 이 얇은 책은 인간을 다시 측정하기 위한 장치로 설계되었다. 우주에서의 우리 위치(1장),

우리의 미생물학적 기원과 신체의 작동 방식, 그리고 DNA로 우리가 표현되는 과정(2~4장)으로 이야기가 시작되어 인간의 생식과 뇌 기능, 노화와 죽음(5~7장)을 탐구한다. 8장과 9장은 인간의 성공과 실패에 얽힌 여러 사건을 다룬다. 경험과학을 통해 인간의 지성은 위대해졌지만, 자연을 이해하고 조작하는 과정에서 지구 표면을 파괴하는 대가를 치렀다. 어느 관점에서든 우리는 심각한 악행을 저질렀다. 10장에서는 우리가 자기중심적 사고에서 벗어나 현실을 직시하고 지금까지 저지른 잘못을 만회하여 호모 나르키소스가 아닌 호모 사피엔스라는 이름에 걸맞은 존재가 되리라는 희망을 품으며, 인류 문명이 어떠한 운명을 맞이할지 고찰한다.

큰 두뇌를 지닌 인간은 어떠한 중대한 문제라도 해결할 것이고, 기술은 우리를 구원할 것이며, 치킨 리킨Chicken Licken(하늘이 무너진다고 착각한 동화 속 주인공 - 옮긴이)의 생각은 틀렸다는 믿음에 빠지기 쉽다. P. G. 우드하우스P. G. Wodehouse는 그런 얄팍한 믿음을 다음과 같이 우아하게 표현한다.

> 절대적으로 확신할 순 없지만, 어느 때보다 최고의 기분으로 만반의 준비를 마쳤을 때 운명의 여신이 납 몽둥이를 들고 살금살금 뒤로 다가온다는 말을 한 사람이 셰익스피어였던 것 같다.[3]

시간은 흐른다. '네 명의 기사'(〈요한 묵시록〉의 네 기사를 의미하는 것으로, 인간을 죽일 권위를 지님 - 옮긴이)가 눈 깜짝할 사이에 이곳을 찾을 것이다.

차례

1장

지구

생명체는 어떻게 지구에 착륙했을까?

우리는 대지에 두 발을 딛고 공기를 마시며 지표면에서 일생을 보낸다. 땅 위에서 걷고 뛰고 앉고 잠드는 우리는 태어나서 죽을 때까지 여러 성분이 혼합된 대기를 들이마시고 내쉰다. 거대한 고래부터 작은 바이러스에 이르는 인간의 동료 모두 지구의 피부와도 같은 지표면에 20킬로미터 두께로 형성된 생물권에서 산다.[1] 생명력이 강한 생물도 대기권보다 높이 올라가면 햇볕에 바싹 말라 타버린다. 지표면에서 깊숙이 내려가 생물권보다 아래에 도달하면 생명체는 맨틀이 내뿜는 열에 죽는다.

지구의 풍부한 물리적 특성은 생명체가 활동할 수 있도록 돕는다. 태양에서 일정 거리로 떨어진 골디락스 궤도Goldilocks orbit를 따라 지구는 공전한다. 그래서 지구상의 물은 증발하지도 얼지도 않은 액체 상태로 존재한다. 우주학자들은 중간 크기, 중년의 나이에 해당하는 태양을 황색 왜성黃色矮星으로 분류한다. 황색 왜성은 수소 원자를 헬륨으로 융합해 막대한 에너지를 방출하는 원자로와 같다. 현재 태양의 나이는 46억 살로, 앞으로 50억 년 동안 수소 연료가 고갈될 때까지 멈추지 않고 타오르다가 지금보다 크기는 크고 에너지는 낮은 적색 거성赤色巨星이 될 것이다. 현재를 기준으로 10억 년 후는 태양이 적색 거성이 되는 시점보다 훨씬 전이겠지만, 나이를 먹은 태양이 지금보다 더 밝게 타오르며 그 끔찍하고 뜨거운 빛으로 생물권을 영원히 불모지로 만들 것이다.

태양이 적당히 빛나고 있을 때 태어난 것은 행운이다. 게다가 거의 우주만큼 나이를 먹은 은하계에는 생명 활동에 필요한 화학물질이 존재한다. 빅뱅Big Bang으로 초신성超新星이 형성되고 최초의 별이 태어나기 전까지, 단백질과 같은 유기물질의 골격을 이루는 탄소 원자는 탄생하지 못했다. 30억 년 동안 우주에서 일어난 폭발로 만들어진 우주먼지가 별이 되고 그 별이 다시 폭발하는 과정이 거듭되며 태양은 시간이 흐를수록 더욱더 무거운 원소를 지니게 되었다. 그리고 은하계의 별들이 폭발과 수축을 반복한 까닭에 현재 우주에는 탄소와 다양한 금속원소가 넘쳐나게 되었다.[2]

태양의 구성 원소가 다양하지 않았다면, 그리고 은하계가 생명체를 이루는 화학물질을 만들어낼 만큼 나이 먹지 않았다면, 아마도 우리는 이곳에 존재하지 못했을 것이다. 물리와 화학의 작용을 깊이 탐구한 일부 과학자들은 우주가 생명체를 돕도록 미세하게 조정되어 있다고 주장한다. 우리에게 행운과도 같은 미세 조정의 사례에는 중력이 있다. 만약 중력이 지금보다 조금이라도 약했다면 애초에 물질은 압축 과정을 거쳐 별이 되지 못했을 것이다. 반대로 중력이 지금보다 강했다면 우주는 팽창하지 못하고 빅뱅 직후 대수축이 되었을 것이다.

하지만 물리적 세계에 행운이 깃들었다는 주장은 순환논증에 빠지며 설득력을 잃는다. 우주가 생명체의 이익을 위해 구성되었다고 믿는 것보다 생태계가 환경에 스스로 적응한 방식을 탐구하는 편이 훨씬 이치에 맞는다. 동물, 식물, 미생물이 지닌 모든 특성은 지구에 살기 위해 훌륭하게 적응했다는 것이다. 이러한 판단의 근거로 삼기 위해 우리는 찰스 다윈Charles Darwin이 자연선택의 메커니즘을 설명한 이후 150년 동안 생명체가 어떻게 지구에 적응했는지를 명확하게 규명해왔다. 진화는 가설을 이치에 맞게 하려고 순환논증을 끌어오지 않는다.

우주 곳곳에 스며 있는 진화 메커니즘은 골디락스 행성

의 몇몇 생명체를 자극할 수 있다. 하지만 미세 조정과 연관된 인류학 이론에서 우주는 의식이 있는 누군가와 함께 존재해야 하고, 우주를 인지하는 누군가가 없다면 우주는 존재할 수 없다. 이는 진지하게 받아들일수록 반박하기 힘들어지는 순환논증의 또 다른 형태다. 인간을 포함한 동물에게 존재하는 의식은 진화의 산물이다. 우리는 의식을 행운이 깃든 특성으로 여기지만, 널리 만연한 저주로 볼 때도 그리 많은 상상력은 필요하지 않다. 뭔가 안 좋은 일이 곧 일어날 것이라고 예감한 지하 감옥의 수감자라면, 그러한 자신의 의식을 망각하고 마음에 평화를 얻길 바라지 않을까?[3] 우리에게 주어진 생명과 의식에 대해 트집 잡는 건 아니지만, 태어나기를 원했던 사람은 아무도 없다고 생각하는 편이 유익하다. 실제로 현대 철학자들은 생물에게 발생 가능한 일 가운데 최악이 부모가 되는 것이라고 주장한다. 여기서 발견되는 큰 문제는 고통을 느끼는 존재들이 점점 더 많이 태어날수록 우주에 집단적 공포도 더해진다는 것이다.[4] 그리고 이 문제는 수십억 명의 인간이 일으키는 환경 파괴처럼, 더 현실적인 문제와도 겹친다.

부모가 되는 일이 축복이라는 관념을 의심하는 것은 일단 접어두더라도, 우주가 인간에게 주어진 특권이며 인간은 우주에 선택받았다는 생각에서 인간의 놀라운 오만함을 발견하게 된다. 인간이 있든 없든 지구는 극축을 중심으로 시속 1,600킬로미터로 회전하고 태양을 중심으로 시속 10만 8,000킬로미터로 돌 것이며, 태양계 전체는 은하수 중심부 주변을 휩쓸고 지나갈 것이다.[5] 이 모든 궤도운동은 우주 곳곳에 퍼진 질량 덩어리인 성간 먼지와 성운에서 비롯되었다. 중력의 영향을 받은 물질들이 점점 덩어리를 향해 휩쓸려갈수록, 밀도의 섬은 새로운 별로 자란다. 각각의 항성은 그 주위를 도는 행성을 동반하고, 각각의 행성은 자신의 축을 중심으로 회전한다. 행성은 항성이 태어날 때 발생한 원반 형태의 고밀도 가스에서 떨어져 나온 잔해다. 행성은 항성 주위 궤도를 쉬지 않고 돌고, 은하계도 공간 내에서 어떠한 방해도 받지 않으며 빠른 속도로 돈다.

관측 가능한 우주의 중심부에 은하계가 있고, 은하계가 지닌 오리온자리 팔Orion Arm에 태양계가 있다. 지구는 태양계의 세 번째 행성으로 우리가 걷고 뛰고 앉고 잠드는 곳이다. 겉으로 보기에 우리 위치에는 특별할 게 없다. 단지 어느 방향에서라도 외부를 관찰하는 것에는 한계가 있고, 맨눈으로 보든 전파망원경으로 보든 우리는 언제나 구球의 정중앙에 있을 뿐이다. 카약을 타고 바다 위를 떠다니다 육지에서 너무 멀어져 해안선이 보이지 않는다고 가정해보자. 아무리 노를 저어도 여전히 바다 위 거대한 원의 중심에 머무르는 것처럼 느낄 것이다. 바다 위의 거대한 원과 우주의 구는 관찰자와 함께 움직인다. 하지만 은하계는 언제나 달걀 모양의 우주 한쪽 끝에 치우쳐 있다. 만약 그렇지 않았다면 우리는 은하계 위치를 제대로 알 수 없었을지도 모른다.

우주에서의 우리 위치를 더 빈번하게 떠올린다면 인간은 광장공포증에 시달리게 될까? 아니면 인류에게 널리 퍼진 공황 발작의 원인인 폐소공포증을 들 수 있을까? 스티븐 호킹Stephen Hawking이 인류에게 비상 상황에 대비해 다른 행성으로 탈출할 계획을 세워야 한다고 말했을 때, 그도 폐소공포증에 걸린 듯 보였다.[6] 그런데 불행하게도 호킹은 우리에게 초신성 방사능에 산산조각 나지 않고 우주의 수조 킬로미터 너머로 나아가는 방법을 제시하지 않았다. 진정 인간을 위한 우주라면 지금보다 우주 방사선은 약했을 것이고, 우주에서의 식사는 훌륭했을 것이다. 게다가 중력까지 고려한다면 현재 인간은 우주 비행이라는 독특한 활동을 수행하기 위해 태어난 존재는 아닌 것 같다.

과학이 아리스토텔레스Aristoteles의 고전 우주론을 대체하기 전까지 인류는 낮에 수정구水晶球 위에 그려진 별들이 햇빛을 받아 하얘지고, 태양이 지평선 아래로 사라진 후에는 하얘진 별들이 희미한 빛을 낸다고 생각했다. 그 당시 인류는 빛나는 별로 아름답게 장식된 둥근 천장이 구름 위에서 멀지 않은 곳에 있다고 짐작했을 것이다. 햄릿은 그러한 둥근 천장을 가리키며 "병을 옮기는 더러운 수증기 덩어리"라고 말했으나(《햄릿》 2막 2장), 존 밀턴John Milton은 "밤마다 보는 별 뿌린 둥근 띠와도 같은" 은하계에서의 삶을 기뻐했다(《실낙원》 제7편, 580~581). 고정된 지구를 덮은 지붕 위로 불타는 꼬리를 달고 선을 그리며 느리게 지나가는 혜성이 인간을 불안에 떨게 했다. 저 위에서는 확실히 많은 일이 일어나고 있었다. 어떤 별들은 매번 비교적 같은 위치에서 빛났고, 다른 별들은 매일 밤 다른 곳에서 모습을 드러냈다. 밀턴은 수성, 금성, 화성, 목성, 토성을 두고 "기묘한 춤을 추며 움직이는 다섯 개의 유성"이라고 말한다(《실낙원》 제5편, 177~178). 모든 것이 인간을 위해 준비되었지만, 활기찬 태엽 장치 같은 하늘에 대해서는 인간이 이해하지 못하게 하려는 것 같았다. 마침내 우리는 신에게 복종했고, 모든 활동의 중심을 신에게 두면서 힘을 얻었다.

17세기 인류는 신 중심으로 생각하고 과거를 속이는 광활한 바다를 건너, 객관적으로 자연을 탐구하는 근대로 향했다.[7] 우주론은 강렬하게 호기심을 끄는 과학적 탐구 대상이 되었고, 1632년 갈릴레오 갈릴레이Galileo Galilei가 쓴 《두 가지 주요 우주 체계에 관한 대화Dialogue Concerning the Two Chief World Systems》와 1687년 아이작 뉴턴Isaac Newton이 발표한 《프린키피아Principia》가 우주론의 토대가 되었다. 갈릴레이는 기존 이론에 맞서서 지구가 태양 주위를 돈다는 혁명을 일으키기 위해 열변을 토했고, 뉴턴은 행성궤도를 유지하는 중력과 운동 법칙을 도출했다. 그 후 4세기가 흐른 지금 우리는 빅뱅이 빚어낸 우주물리학을 공고히 다지고 있다. 우주 탄생 초기에 있었던 찰나의 시간, 다른 말로 플랑크 시간Planck time이라고 부르는 그 순간, 물질이 어떤 일을 했는지는 여전히 수수께끼지만, 우리는 확실히 먼 길을 지나왔다.[8] 우리 대부분은 우주 탄생을 깊이 고민하지 않아도 생명에 어떤 의미가 있는지 이해할 수 있다. 이곳이 생명이고 우리는 생명 속에서 산다.

우리는 지구가 살기에 적합한 곳이라고 확신한다. 지구 환경 조건은 상당히 다양하다. 지표면 가운데 71퍼센트는 바닷물에 잠겨 있다. 나머지 29퍼센트에 해당하는 대지는 대부분 수면 위로 올라와 있고, 숲이나 초원에 덮여 초록빛을 띠거나 사막이 되어 갈색 또는 노란빛을 보인다. 우리는 극지방의 기후나 섭씨 50도가 넘어가는 뜨거운 사막의 기온을 잘 버텨내지 못한다. 계속 물을 마신다면 대낮에 캘리포니아 데스 밸리에 머물러도 건강을 유지할 수는 있겠지만, 그러한 환경은 인간 회복력의 한계를 시험한다. 태양이 뿜어내는 자외선도 또 다른 위험 요소이기 때문에 우리는 성층권에 3밀리미터로 존재하는 오존층ozone layer에 의존해 몸을 보호한다.

인정 많은 가스, 오존이 없다면 동굴로 피신하지 않는 한 피부 DNA는 복구될 수 없을 것이다. 오존은 세상에 존재 가능한 모든 것 중 최고로 미세 조정의 사례로 들기에 적합해 보인다.[9] 하지만 그런 희망적인 생각을 접어두고 보면, 우리는 지구에 존재해온 오존층 아래에서 진화하며 대기를 뚫고 들어오는 자외선에 대항하는 데 필요한 만큼, 적어도 우리가 냉매제로 오존층을 파괴하기 전을 기준으로 넘치지도 부족하지도 않을 만큼의 저항력을 키웠다는 것이 과학적 진리다.

생물 고유의 생활사는 특정 지역·환경에서 자라는 식물군과 야생동물군으로 구별하는 생물군계生物群系, biome 내에서 나타난다. 생태학자는 생물군계를 열대 광엽수림, 온대초원, 맹그로브 습지대 등 10여 종류로 구분한다. 자연 상태의 지구에서 자라던 초목은 상당수가 인간이 재배하는 곡물로 대체되었는데, 이러한 현상은 한때 다양한 야생동물이 서식했던 살기 좋은 지역에서 두드러지게 나타난다. 현재 많은 사람이 더운 사막지대에서 관개시설과 담수화 시설로 신선한 물을 공급받으며 살고 있지만, 본래 세계 주요 도시들은 물이 풍족한 지역에서 번성했다.

인간의 웰빙well-being은 깨끗한 물과 공기, 다양한 채소와 과일을 얻을 수 있는지에 달려 있다. 우리는 역사에 등장한 이후 늘 고기를 먹었지만, 고기가 없거나 윤리적·경제적 · 환경적 이유로 채식을 할 수도 있다. 고기를 먹든 먹지 않든 간에, 인간은 식물 없이 살 수 없다. 식물plant은 인간사에 매우 중요하기 때문에 현대 대학의 경영학이나 회계학처럼 식물학도 존경받아 마땅하다. 경영학 학위 과정의 지적 토대는 다소 빈약하다. 내가 근무하는 대학교의 경영대 건물로 통하는 석조 입구에는 "아는 것이 힘이다"라는 문구가 새겨져 있다. 이 구절은 정치철학자 토머스 홉스Thomas Hobbes가 남긴 격언으로, 그의 저서 《리바이어던Leviathan》의 1668년 라틴어판에 등장한다.[10] 홉스는 이 위대한 저서에서 과학과 객관적 지식의 중요성은 현실에 그 지식을 적용하는 것에서 나온다고 밝혔다. 만약 홉스가 경영대 건물에서 그 문구를 발견한다면, 투자은행가의 한심한 포부와 자신의 격언을 연관시키며 픽 웃음을 터트릴 것이다.

어쨌든 21세기의 교양 있는 시민들은 인류 생존의 기반인 식물에 감사해야 한다. 모든 사람은 식품이 어디에서 오는지 질문받으면 답을 유추해낼 수 있어야 하며, '식료품점'이나 '슈퍼마켓'이라 대답하고 끝내서는 안 된다. 식품 생산 과정은 엔트로피로 시작해 당류로 끝난다. 엔트로피entropy(무질서도)는 만물을 무질서하게 만드는 물리적 과정을 가리키는 용어다. 도서관 서가의 책장에 꽂힌 책들이 지진으로 쏟아져 책 더미가 되는 것, 미래에 내 유골을 콜로라도 동부 대

초원 전역에 뿌리는 것이 엔트로피 개념에 적용된다. 시야를 더 확장하면, 빅뱅 이후에 우주 전체의 엔트로피는 증가하고 있다. 만약 엔트로피가 시간의 흐름에 따라 증가하는 것이라면, 다람쥐와 같이 복잡한 생명체가 일정하게 유지되는 것은 어떻게 설명할 수 있을까? 정답은 더 넓은 범위의 우주에서 찾을 수 있다. 햇빛을 받아 증가하는 무질서도와 생명력이 균형을 이룬 다람쥐는 질서의 섬이다. 여기서 태양과 다람쥐는 광합성光合成, photosynthesis으로 연결된다.

광자光子, photon는 태양 내부에서 붕괴 과정을 거쳐 우주로 방출된다. 에너지로 이루어진 덩어리인 광자는 태양 표면에서 출발해 8분 19초 후 지구에 도달하고, 43분 15초 후에는 목성에, 4년 3개월이라는 짧은 시간 후에는 태양에서 가장 가까운 항성인 켄타우루스자리 프록시마성에 도착한다. 지구에 도달하는 빛줄기 가운데 3분의 1은 다시 우주로 반사되어 우주 어디에서도 지구가 보이게 하고, 나머지 빛줄기는 대기와 육지, 바다를 비춘다. 육지 식물과 바다 미생물은 엽록소葉綠素, chlorophyll와 가시광선을 이용해 광합성을 한다.

엽록소 분자의 형태는 꼬리연과 닮았다. 납작한 면은 빛을 흡수하고 긴 꼬리는 엽록소 분자가 세포 내에 자리 잡게 한다. 빛의 녹색 파장은 엽록소에 의해 반사되기 때문에 식물은 녹색으로 보인다. 엽록소는 빛의 파란색과 붉은색 파장을 받아 들뜬 상태가 되고, 엽록소 구조를 따라 전달되는 에너지를 사용해 물 분자를 분해한다. 이 광합성 과정에는 커다란 장점 두 가지가 있다. 첫째, 우리가 들이마시는 산소를 방출한다. 둘째, 식물의 이산화탄소 흡수와 포도당 조립에 사용되는 연료를 생성할 때 필요한 에너지 입자, 다른 말로 전자를 생성한다. 포도당은 생명의 재료다. 식물은 에너지 요구량을 맞추기 위해 광합성으로 생성한 포도당의 일부를 소비한다. 사탕무나 사탕수수 같은 식물은 포도당을 설탕처럼 달콤한 분자 형태로 저장하고, 다른 식물은 몸을 지탱하는 다당류처럼 분자 크기는 크지만 맛은 없는 물질로 전환하기도 한다. 동물은 식물을 먹고 흡수한 성분을 자신의 조직으로 만든다. 생명의 수레바퀴가 이렇게 굴러간다.

광합성이라는 놀라운 일을 하는 수생 미생물에는 조류藻類, algae와 특정 박테리아bacteria가 있다. 해양 동물과 민물 동물은 육지 동물과 마찬가지로 식물에 의존한다. 육지와 바다의 생물 종 대부분은 당류를 만드는 유기체이거나 그들을 먹는 포식자로서 태양과 함께 묶여 상호작용한다. 누gnu는 풀을 먹고, 사자는 누를 잡아먹는다. '태양 → 풀 → 누 → 사자'는 태양 에너지를 간직하는 간단한 먹이사슬이며, '태양 → 해조류 → 크릴새우 → 수염고래baleen whale'도 그와 비슷하다. 곰팡이와 다양한 박테리아는 광합성을 하지 않고 식물과 동물의 사체를 섭취한다. 그러나 살아 있는 동물을 먹든 사체를 먹든, 식량에서 얻는 에너지는 본래 엽록소가 햇빛에서 흡수한 에너지다. 프로메테우스가 올림포스산에서 불을 훔쳤듯, 엽록소는 태양에서 에너지를 획득한다.

자연은 햇빛 없이 완벽하게 자족하는 미생물도 탄생시켰다. 그러한 생물을 화학영양생물化學營養生物이라고 부른다. 이들은 황, 철과 같은 단일 원자나 암모니아, 황화수소와 같은 단순 분자에서 에너지를 얻어 살아간다. 수많은 화학영양생물이 깊은 바닷속의 열수 분출구, 혹은 그보다는 색다르지 않은 서식지인 동물의 장 속에서 산다. 장내 미생물은 식물의 열량을 초식동물로, 초식동물의 열량을 다시 육식동물로 전달하며 서로 뒤얽히게 만든다는 점에서 흥미롭다. 누는 장내 미생물에 의존해 풀을 소화하고, 사자는 장 속에 비옥한 박테리아 농장을 가꾸어 누의 살점을 분해한다.

인간은 지구 전체를 무대로 하는 서커스에서 막대한 비중을 차지한다. 개체 수가 많은 데다 과학기술을 이용해 다른 생물 종은 불가능한 방식으로 생물권을 변화시키기 때문이다. 책임이 뒤따르는 지배자가 아닌 관리인으로서, 인간은 지구에서의 임무를 제대로 수행하지 않았다. 습관을 고치지 못한다면 인류는 화석에 가장 희미한 얼룩으로 남을 것이다. 하지만 생물권은 지속될 것이다. 우리가 수많은 동식물이 다

함께 살기 힘든 환경으로 계속 바꾸어간다 해도, 지구는 미생물로 정화되고 빈자리는 다시 채워질 것이다. 인간은 아무리 노력해도 미생물을 멸종시킬 수 없다. 태양이 더욱 밝게 빛나기 전까지는 10억 년도 넘게 남아 있기에, 발전한 미래의 후손들이 인류의 보금자리를 다시 만들어갈 시간은 아직 충분하다. 그 결과, 인류는 지구에 살아남을 수 있을지 모른다.

2장

발생

우리는 어떻게 지구에 나타났을까?

인류는 어떻게 짧은 시간 동안 지구를 점령했을까? 오비디우스는 《변신 이야기》에서 인간이 창조된 과정을 서로 다른 두 가지 이야기로 전한다. 첫 번째는 '세상을 만든' 신비한 창조자가 신성한 씨앗으로 인간을 만들었다는 내용이고, 두 번째는 나르키소스처럼 님프의 아들인 프로메테우스가 흙과 물을 섞어 만든 진흙을 틀에 찍어 신의 형상과 닮은 인간을 만들었다는 이야기다. "그리하여 조금 전만 해도 형태와 빛깔이 없던 대지는 고귀한 인간의 형상으로 새롭게 변신했다."[1] 인간이 진흙으로 만들어졌다는 이야기는 수메르 신화와 아프리카 요루바족Yoruba族의 구전 역사에도 등장한다. 《성경》과 《쿠란》에서도 신이 먼지와 진흙을 재료로 사용한다. 지구를 구성하는 물질에 인간의 근본이 있다고 말하는 창조 신화는 아름다우면서도 논리 정연하다. 땅에서 태어나 흙으로 빚어진 우리는 다른 생명체와 함께 지구 전체로 퍼져 나갔다. 최초의 세포를 탄생시킨 원시 메커니즘을 생물학자가 조목조목 규명해내기까지, 우리는 태초에 있었던 사건을 흐릿한 이미지로 아는 데 만족해야 했다. 이는 물리학자가 명료하게 실체를 밝혀내기 전까지 안갯속에 있었던 빅뱅과 비슷하다. 생물학은 최초의 세포가 세상에 등장한 뒤 인간을 포함한 동물들이 탄생하는 과정을 풍부하고 깊이 있게 설명한다. 모든 생명체는 보편적인 탄생 과정을 공유한다.

인간이 유인원의 한 종種, species이라는 것은 지구가 태양을 중심으로 타원형 궤도를 돈다는 사실만큼이나 분명하다. 하지만 영장류학 교과서에 실린 인간 존재가 신학자들의 심기를 불편하게 한 만큼, 인간을 영장류로 분류하는 것은 아직 널리 받아들여지지 않았다. 인간이 자신과 닮은 동물들과 친척 관계라는 놀랍지 않은 사실을 그저 받아들이는 선에서 그치지 않고 완전히 인정하려면, 깊이 있는 연구 결과와 상상력이 필요하다. 지적 능력을 발휘하여 원시 인류의 근원을 찾는 시간 여행을 시작하자. 조지프 콘래드Joseph Conrad는 《어둠의 심연Heart of Darkness》에서 우리와 비슷하게 시간 여행을 시도했다. "저 강을 거슬러 오르는 것은 초목이 지상에 제멋대로 자라고 거대한 나무들이 왕처럼 군림하던 태초의 세상을 향한 여행과도 같았다."[2] 그러나 우리는 훨씬 더 멀리, 나무가 전혀 없었던 시기로 가야 한다. 21세기에서 1억 년 전으로 돌아가면 백악기 말에 새들이 지저귀는 소리가 들리고, 2억 년 전으로 가면 익룡이 온난 기류를 타고 하늘을 나는 쥐라기 초기에 도달한다. 3억 년 전으로 돌아가면 우리는 석탄기 말의 산소 농도가 높은 대기 속에서 윙윙대는 거대 곤충들과 숲을 거닐고, 4억 년 전으로 가면 물고기로 가득한 데본기의 바다에 도착한다. 여기서 1억 년을 더 거슬러 가면 우리는 캄브리아 폭발기의 기괴한 동물과도 만날 수 있는데, 여기까지의 여정은 동물의 특성을 뚜렷하게 드러낸 최초의 유기체를 만나는 데 필요한 10억 년의 시간 여행 중 절반밖에 오지 못한 것이다.

베일에 싸인 최초의 세포를 향해 과거로 시간 여행을 하는 도중에 우리는 수많은 선조 동물을 만난다. 첫 번째 생명체가 탄생하고 나서 20~30억 년 동안 지극히 작은 존재로부터 동물들이 탄생해왔다는 사실에는 의심의 여지가 없다. 이 꿈틀대는 조상 세포는 후손이 모두 동물이라는 점에서 특별한 유기체다. 우리는 그 조상 세포가 깃편모충류choanoflagellates와 닮았다고 생각할 만한 다양한 근거를 찾았다.[3] 오늘날 깃편모충류는 해수와 담수에서 산다. 이들은 정자 세포와 다소 비슷하게 생겼는데, 원뿔형의 깃collar이 꼬리와 몸체의 연결 부위를 감싼다. 꼬리는 편모flagellum라고 불린다. 깃은 인간의 소장 벽에서 작은 손가락 형태로 발견되는 미세융모가 고리 구조를 이룬 것이다.

편모와 깃은 다음과 같이 협력한다. 편모가 꿈틀대면서 주위의 물을 뒤편으로 밀면 세포가 앞으로 나아간다(잠수함 프로펠러가 이와 비슷한 방식으로 작동한다). 편모가 물을 뒤로 밀어내면서 발생한 공간은 그 주위를 흐르던 물이 채우기 때문에 세포가 지나간 자리에는 물이 뒤섞인다. 물은 세포가 지나가는 길에서 깃 사이를 통과하며 압력을 가하고, 깃은 끈적한 표면으로 박테리아를 거르는 체 역할을 한다. 세포가 움직임을 멈추면, 박테리아는 세포 속으로 흡수·소화된다. 즉, 편모는 세포의 추진 장치이자 먹이 공급 장치다. 몇몇 깃편모충류는 자유롭게 헤엄치지 않고 식물 줄기의 표면에 달라붙는다. 이들은 편모를 먹이 공급 장치로만 사용한다. 어떤 경우에는 깃편모충류 여러 마리가 하나의 식물 줄기에 붙어 군집을 이루거나 점액질을 매개로 서로 달라붙어 무리 지어 헤엄치기도 한다.

생물이 동물계에 속하려면 다세포 특성을 지녀야 한다. 동물학자들은 단세포나 군집을 이룬 미생물을 동물로 인정하지 않는다. 식물 줄기에 모이거나 점액질로 무리 지은 깃편모충류도 마찬가지다. 동물로 분류되려면 다수의 세포를 지니는 것뿐 아니라, 발생 도중에 여러 세포가 모여서 액체로 채워진 구球형 배아胚芽, embryo를 형성하는 단계인 포배기胞胚期 혹은 배반포기胚盤胞期를 거쳐야 한다. 우리는 모두 어머니의 난자가 수정되고 나서 5일이 지난 시점에 배반포기를 거쳤다. 나르키소스도 배반포기를 거친 뒤 세상에 태어나 아름다움을 뽐내게 되었고, 엘리펀트 맨Elephant Man으로 불린 조셉 메릭Joseph Merrick도 배반포였을 때는 흠 하나 없는 세포 128개로 구성된 구형 배아로 나르키소스와 똑같이 아름다웠다. 메릭에 관한 이야기는 몇 페이지 뒤에서 구체적으로 다룰 것이다.

배반포胚盤胞, blastocyst는 인간 기원의 연대기에서 중요하다. 배반포를 구성하는 세포들은 접합 단백질junction protein이라는 특별한 분자를 사용해 서로 달라붙는다. 접합 단백질의 작동 방식은 럭비 선수가 서로 팔을 감고 스크럼을 짜는 것과 유사하다. 깃편모충류도 접합 단백질을 생성하지만 주로 깃 구조에서 박테리아를 거를 때 사용하고, 동료 편모충들과 군집을 이룰 때에는 사용하지 않는다.[4] 모든 단서를 종합해볼 때 깃편모충류가 현생 동물의 조상들과 친척 관계라고 판명된다면, 접합 단백질은 우선 박테리아 사냥을 위해 진화했다가 나중에 다른 세포와 서로 붙어 군집을 이루는 데 적응한 것으로 유추할 수 있다.

진화는 새로운 기능에 맞게 단일 분자와 몸 전체를 변화시키는 연금술을 펼친다. 예를 들어, 깃털은 조류의 조상인 파충류가 체온을 유지하려고 사용했다. 깃털을 지닌 파충류가 하늘을 날게 된 것은 상당히 먼 훗날의 일이다. 자연선택에 근거해 구조가 재설계되는 것과 의도적으로 구조를 설계하는 것 사이에는 심오한 차이가 있다. 이를테면 우산을 만드는 업체는 재료에 따른 내구성 차이가 어떠한지, 방수 원단이 얼마나 쉽게 접히고 펴지는지를 고려해야 한다. 만약 자연선택이 자전거 바퀴를 가지고 우산을 만든다면, 바큇살을 뜯어내 우산살로 쓰고, 타이어 고무를 넓게 펴서 우산살 위를 덮은 뒤, 자전거 바퀴 축을 길게 뽑아 끝을 살짝 구부려 우산대와 손잡이로 만들 것이다.[5] 이처럼 자연선택이 우산을 만드는 과정은 서투른 듯 보이지만, 실제로 벌레 머리에 있던 색소 반점을 독수리의 눈으로 만들어낸 진화의 위력은 막강하다.

'가장 간단한 동물' 타이틀을 두고 겨루는 경쟁자에는 셋이 있는데, 모두 접합 단백질로 세포를 고정한다. 이들은 해면동물sponge, 빗해파리comb jellies, 그리고 작고 납작하며 벌레와 닮은 판형동물placozoan이다. 유전자 연구 결과에 따르면, 과거 자연에서 벌어진 진화 실험에서 빗해파리와 판형동물은 계통수系統樹 가지를 더 이상 뻗어가지 않았다. 하지만 빗해파리와 판형동물 같은 집단을 두고 계통수의 '죽은 가지'라고 부르는 것은 옳지 않다. 다른 동물 집단 대부분을 사라지게 했던 연속적인 대멸종mass extinction에서 그들은 훌륭하게 자신을 지키며 살아남았기 때문이다. 대멸종을 견딘 일부 고대 해면동물, 혹은 해면과 가까운 친족들은 인간은 물론 지구에 살아남은 모든 동물의 조상이다. 그렇다. 우리는 목욕용 스펀지와 친척 관계다.[6]

바다에서 사는 해면동물 대부분은 입수공inlet valve으로 들어와 관을 타고 체내 공간을 흐르는 물에서 박테리아를 포획해 섭취한다. 해면동물의 내부로 흘러든 물은 출수공osculum이라고 부르는 구멍을 통해 몸 밖으로 배출된다. 카리브해에서 서식하는 큰항아리해면giant barrel sponge의 출수공은 몸 위쪽으로 크게 벌어져 있다. 해면동물 체내 공간의 내벽에는 깃을 두른 편모가 공간 안쪽을 향해 줄지어 있다. 깃 표면에서 붙잡힌 박테리아는 세포 안으로 흡수된다. 이러한 해면동물의 세포와 깃편모충류의 유사성은 1860년대에 발견되었고, 이 사실에 흥분한 생물학자들은 편모충류가 해면동물의 조상이라고 주장했다. 하지만 진화는 이처럼 간단하지 않다. 유전학은 편모충류와 해면동물의 공통 조상에서 편모와 깃의 협동 작업이 발달했고, 그로 인해 두 동물 모두 편모와 깃 구조를 지닌다고 설명한다. 비슷한 맥락으로, 인간과 코모도왕도마뱀은 모두 법랑질 치아를 지닌다. 하지만 인간이 도마뱀에서 진화했거나 도마뱀 가운데 일부가 인간으로 변했음을 의미하지는 않는다. 인간과 도마뱀에게 법랑질 치아를 지닌 공통 조상이 있었다는 사실을 말해줄 뿐이다.

현대 지구의 생물권에 단세포 미생물과 다세포생물이 함께 사는 이유는 불확실하다. 지구에서는 단세포생물과 함께 동식물이 진화해왔지만, 오직 단세포생물만 살아남은 다른 행성도 상상할 수 있다. 우주의 다른 공간에서 생물학을 연구하기 전까지, 단세포 미생물이 영겁의 시간을 거친 후에는 반드시 다세포생물이 등장하는 것인지 확인할 방법이 없다.

깃편모충류의 행동을 관찰하는 실험으로 다세포생물이 지닌 가치를 알 수 있다. 항생제로 물속의 박테리아를 죽이면, 군집을 이루었던 편모충들은 서로 떨어져 개별 활동을 한다. 그러다가 박테리아와 마주치면 편모충은 다시 군집을 이루는데, 이런 행동은 박테리아 냄새만으로도 유도할 수 있다. 단독 생활을 하는 편모충이 먹이를 수색하는 것에는 능숙할지 모르지만, 강한 물살을 일으켜 먹이를 거르거나 물속의 거센 조류에 휩쓸리지 않고 살아남을 때는 군집 생활이 유리하다. 많은 선원이 어선을 타고 고기를 잡는 것과 카누를 탄한 사람이 노를 저으며 낚시하는 것을 비교하면 알 수 있듯이, 편모충도 홀로 다닐 때보다 군집을 이룰 때 먹이를 더 많이 사냥할 수 있다. 어쩌면 다세포는 효과적인 사냥 전략으로 진화한 것일지 모른다.

해면동물에는 독립된 기관이 없고 근육이나 신경계도 없지만, 해부학적으로 단순 세포 군집보다 훨씬 정교하다. 다른 동물과 마찬가지로 해면동물은 고유 기능을 수행하는 여러 종류의 세포를 지닌다. 깃세포는 독특한 분비 세포가 분비한 젤리 물질 안에 잠겨 있다. 다른 세포도 젤리 안에 잠겨 있거나 해면 바깥 표면에 노출되어 있다. 이러한 세포에는 간단한 면역계immune system를 이루는 세포, 입수공을 닫는 수축 세포, 생식 세포, 해면 골격을 분비하는 세포가 있다. 해면동물의 골격은 탄성 단백질 섬유, 그리고 이산화규소와 탄산칼슘으로 만들어진 뻣뻣한 골편으로 구성된다. 해로동혈偕老同穴, Venus' flower basket이라는 이름의 차가운 해수에서 서식하는 해면동물은 구조가 극도로 복잡한 골편을 지닌다. 무기질 골격 없이 순수하게 단백질로 이루어진 해면동물은 수백 년 동안 목욕용 스펀지로 사용되었다. 이러한 종들은 지중해와 카리브해에서 수익성 높은 산업의 토대가 되었으나, 산업이 무분별하게 확장되면서 생태계는 물론 인간의 생계마저 파괴되었다.

복잡한 골격을 지닌 해면동물에서 시작해, 입과 항문을 지닌 갯지렁이, 턱이 없는 물고기, 턱이 있는 물고기, 나중에 새의 날개가 될 지느러미를 지닌 물고기, 양서류, 파충류를 거쳐 청서번티기tree-shrew(다람쥐처럼 생긴 포유동물 - 옮긴이), 그리고 원숭이와 유인원으로 이어지는 인간의 진화를 추적해 보자. 이 다채로운 동물 우화집 속의 유전자 일부는 처음부터 인간의 것이었지만, 나머지 유전자는 검은 바닷속을 헤엄치다가 돌투성이 해안가를 뒤덮은 박테리아 막 위로 미끄러져 나아가, 빽빽한 밀림을 탐험한 뒤 마침내 인간의 조상이 두 발로 꼿꼿이 일어서서 달콤한 공기를 마시며 앞으로 갈 곳을 곰곰이 생각했던 풍요로운 아프리카 초원의 풀숲에 도착해 우리에게로 왔을 것이다.

형태가 가장 단순한 동물과 그 조상의 유전학을 자세히 들여다보면 우리와 관련된 중대한 사항이 드러난다. 동물 계통수의 뿌리 쪽으로 다가갈수록, 인간의 친족과 버섯의 조상 사이에 차이점이 있다고 말하기가 불가능해진다. 10억 년 전으로 거슬러 올라가면 동물과 균류fungi의 계통수 가지는 하나로 만난다.[7] 이러한 주장의 근거는 동물·균류 DNA 비교 연구에서 나온다. 분자 계통학 연구는 지난 30년 동안 생물 간의 진화적 연관성을 발견해왔다. 연구 방법이 섬세해지고 연구 결과가 누적될수록 동물과 버섯의 연결 고리는 더욱 강해졌다. 우리가 풀밭에 돋아난 버섯보다 우월하다는 비논리적 주장을 넘어서서, 인간은 버섯과 긴밀한 관계에 놓여 있다. 우리는 식물이나 다른 주요 생물군보다도 버섯과 매우 유사하다.[8]

생물학자는 편모 여러 개가 달린 세포를 섬모 세포라고 부르고, 그 여러 개의 편모를 섬모cilium라고 말한다. 편모와 섬모 사이에 구조 차이는 없다. 몸속에서 난자가 이동하는 나팔관, 뇌척수액으로 채워진 뇌실과 척수, 점액이 흐르는 호흡기관에 섬모 세포가 있다. 편모와 섬모는 운동성 있는 단백질 막대 구조를 길게 늘어난 세포막이 에워싼 형태다. 단백질 막대는 피스톤처럼 위아래로 미끄러지며 꼬리에 파동 운동을 일으킨다. 변형 섬모라고도 부르는 일차 섬모는 거의 모든 종류의 체내 세포에서 발견되며, 체액으로 세포를 움직이게 하거나 세포 위로 체액이 흐르게 하는 모터 역할을 한다. 일차 섬모는 일반적인 섬모처럼 중심부에 단백질 막대 구조를 지니지 않기 때문에 정자 꼬리처럼 꿈틀거리지 않는다. 그 대신 세포 표면 위로 이동하는 유체가 일으키는 기계적 자극에 반응하거나 화학물질, 빛, 온도, 중력을 감지하는 감각 조직 역할을 한다.

편모와 섬모 기능에 문제가 있는 경우 섬모병증ciliopathy이라는 질환을 앓는다.[9] 섬모병증의 증상에는 운동성 없는 정자가 일으키는 남성 불임증이 가장 두드러지지만, 일단 일차 섬모에 문제가 생기면 간·신장·눈에 유전 장애가 나타나고, 그 밖의 여러 장기에도 영향을 미치며 희소 질환을 유발한다. 알스트롬 증후군Alström syndrome은 소아 비만, 시력 장애, 청력 손실, 당뇨, 심부전증을 동반하는 섬모병증으로, 의학 문헌에 보고된 사례가 300건도 되지 않는 희소 유전 질환이다. 마르덴 워커 증후군Marden–Walker syndrome은 알스트롬 증후군보다 더 희소한 질환으로 뇌가 제대로 발달하지 못하고, 작은 턱뼈, 긴 손가락, 휘어진 척추와 같은 골격 이상을 초래한다. 결장, 유방, 신장 등 여러 장기에 발생하는 암 또한 섬모병증이 원인이 되어 발생한다. 이처럼 섬모가 제대로 작동하지 않으면 외부의 다양한 자극에 적절히 반응하지 못하고, 세포 간 신호 전달과 세포분열에 문제가 생겨 끔찍한 결과가 나타난다.

섬모의 핵심 기능은 세포에 방향감각을 주는 것이다. 단일 세포에서 위치 결정은 그리 중요해 보이지 않지만, 배아 세포의 각 부위가 상하좌우 방향에 맞춰 발달하는 과정으로 미루어볼 때 방향감각 이상이 세포에 심각한 문제를 일으키는 것은 분명하다. 초기 배아에는 운동성 있는 특정 섬모가 줄지어 선 구조가 있는데, 이를 노드node라고 부른다. 이 섬모들이 움직이면 신호 분자를 함유한 체액은 특정 방향으로 흐른다. 그 결과로 발생한 신호 분자의 농도 차이는 유전자가 좌우 축을 따라 이어지는 특정 패턴에 맞춰 발현되도록 자극하는데, 이 패턴은 배아 중심축을 기준으로 대칭을 이루지 않는다. 그래서 심장은 인간 중심축의 왼편에, 간은 오른편에 자리 잡게 된다. 만약 이 과정에 문제가 생겨 장기가 제자리를 찾지 못하면 심장을 비롯한 여러 장기의 기능에 이상이 생긴다. 흥미로운 점은, 장기의 전체 위치가 반전된 채 태어난 좌우바뀜증situs reversus 환자들 가운데 대부분이 문제가 있었던 발달 과정에서 어떠한 질병도 얻지 않고 평범하게 산다는 것이다.

엘리펀트 맨, 조셉 메릭은 프로테우스 증후군Proteus syndrome이라는 극도로 희소한 유전 장애를 앓았던 것으로 추정된다.[10] 이 유전 장애의 원인은 세포의 증식과 소멸에 관여하는 단일 유전자의 돌연변이다. 태아가 발달하는 과정에서, 단 하나의 세포에서 그 단일 유전자에 돌연변이가 생기면, 돌연변이 발생 세포에서 분열된 세포들 모두 돌연변이를 지니지만 그 외 나머지 세포는 정상이다. 이러한 결과는 환자의 몸속에 기형 조직과 정상 조직이 뒤섞이는 모자이크 증상을 일으킨다. 이번 장에서 조셉 메릭을 등장시킨 이유는 프로테우스 증후군이 섬모병증일 가능성이 있기 때문이다. 메릭은 자신의 상태에 대해 다음과 같이 말했다.

나의 형상이 비정상인 건 맞다.

하지만 나를 비난하는 것은 곧 신을 비난하는 것이다.

내가 나 자신을 새롭게 만들 수만 있다면

실패하지 않고 당신을 기쁘게 하리라.

만일 내가 북극에서 남극까지 닿을 수 있다거나

망망대해를 한 손에 쥘 수 있었다면,

나는 내 영혼으로 평가받았으리라.

나의 내면은 다른 사람과 마찬가지로 정상이다.[11]

인간이 계통수에 등장하기 한참 전에 선캄브리아기의 바다를 헤엄쳤던 하나의 세포에는 우리가 몸속에 지니게 될 선천적 권리, 유전자가 있었다. 먼 옛날의 미생물이 남긴 유산은 인류가 써 내려온 모험담의 첫 구절이다. 이 모험담은 수많은 정자의 무리가 난자를 향해 헤엄쳐 가고, 세포가 신체 조직에서 제 역할을 할 때마다 되풀이된다. 몸의 형태가 정상이든 비정상이든, 그 몸이 누군가를 기쁘게 하든 슬프게 하든, 이 모든 이야기는 우리 몸속 꼬리 달린 세포의 구조에 뿌리를 두었다.

3장

몸

우리는 어떻게 움직일까?

고대 바다에서 해면동물이 인류의 기원이었다는 것을 확인했으니, 현대로 휙 달려와 우리의 눈부시게 아름다운 신체가 어떻게 걷고 뛰고 앉고 잠자는지 살펴보자. 인간이 스포츠 분야에 남긴 위대한 업적으로 2018년 케냐 마라톤 선수 엘리우드 킵초게Eliud Kipchoge가 기록한 2시간 1분 39초를 빼놓을 수 없다. 1908년 마라톤 우승 기록은 3시간에 가까웠는데, 오늘날의 마라톤 선수라면 반환점에서 차를 마시고 날씨에 대해 수다를 떨어도 충분한 시간이다. 그리스 작가 루키아노스Lucianos의 작품에서는 기원전 490년 최초의 마라톤 선수 필리피데스Philippides가 전력을 다해 달린 끝에 쓰러져 죽었다고 전한다. 쉼 없이 240킬로미터를 달린 뒤, 마라톤 전투에서 아테네가 승리했다는 소식을 전하려고 40킬로미터를 더 달렸다는 사실을 알면 그의 죽음은 그리 놀랍지 않다.[1] 장거리를 달리든 소파에서 꾸벅꾸벅 졸든, 활동의 종류에 상관없이 우리는 동일한 화학 법칙에 따라 생존하고 움직이는 데 비용을 지불한다.

먹이사슬의 길이가 길든 짧든, 태양의 핵융합반응이 인간에게 식량을 제공한다(감자→인간 / 잔디→쇠고기→인간 / 해조류→플랑크톤→작은 물고기→큰 물고기→인간). 발효 식품과 음료가 포함된 먹이사슬에서는 발효 반응에 꼭 필요한 중개자 효모가 에너지 흐름을 더욱 복잡하게 만든다(포도+효모→인간). 인간의 에너지 소비 사례도 중요하지만, 미생물이 인간에게서 에너지를 얻는 다음 단계를 따져보는 것도 유익하다(인간→탄저균). 전염 균은 우리가 먹이사슬의 정점에 있다는 주장을 약화시킨다.[2] 단언할 수 있는 것은 유전학적·해부학적·생리학적 특성으로 볼 때 인간이 잡식동물이라는 사실이다. 우리는 크릴새우만 먹는 흰긴수염고래blue whale나 유칼립투스 잎만 먹는 코알라와는 다르게 다양한 음식을 먹는다.

유연한 태도로 영양소를 섭취하는 인간은 식사 시간에 놀라울 정도로 폭넓은 선택의 자유를 얻는다. 하지만 우리가 고기를 먹든지 채소만 먹든지 냉동 피자나 과자를 먹든지,

에너지를 내는 화학 법칙은 동일하다. 감자를 생각해보자. 햇빛, 물, 이산화탄소를 재료로 감자를 만드는 연금술만큼이나 감자에서 에너지를 얻는 과정도 복잡하다. 감자는 우리가 생존하는 데 필요한 영양소 대부분을 함유한 훌륭한 식품이다(이 말은 우리가 다이어트를 할 때 감자만 먹어도 행복하다는 의미는 아니지만, 1840년대 감자 잎마름병이 번지며 대기근에 시달리기 이전의 아일랜드 소작농들처럼 감자만 먹어도 그럭저럭 살 수는 있다). 동면기를 지내는 야생식물은 가을에 잎을 떨구고 겨울에는 흙 속에서 동면하다가 봄에 다시 싹을 틔우는데, 감자도 이와 같은 과정을 거친다. 감자의 덩이줄기에는 단백질, 비타민 B6, 비타민 C, 다량의 포타슘, 그리고 대부분 녹말 형태로 저장된 탄수화물이 있다. 감자에 지방 성분은 없기 때문에 버터나 사워크림과 함께 먹기를 추천하지만, 영양학 연구 결과에 따르면 아무것도 곁들이지 않은 으깬 감자가 인간에게 가장 포만감을 주는 음식으로 선정되었다고 한다.[3]

우리는 소화기관 전체를 사용해 으깬 감자에서 에너지를 흡수한다. 입부터 시작하면, 인간의 침에는 감자의 녹말을 이당류로 분해하는 아밀라아제amylase 효소가 풍부하다. 효소酵素, enzyme란 화학반응을 빠르게 진행시키는 단백질 분자로, 몇몇 반응의 경우에는 효소가 없으면 수백만 년이 걸리기도 한다.[4] 복합 탄수화물은 우리 몸에서 합성되는 효소와 장내세균의 도움으로 장에서 소화된다. 장내세균은 감자에 들어 있던 거대한 화합물을 좀 더 다루기 쉬운 물질로 조각내는 데 특히 능숙하다. 조각난 물질은 소장 벽을 따라 순환하는 촘촘한 혈관 망으로 흡수된다. 입에서 항문에 이르는 내장의 길이는 평균 5미터이고, 이 중 3분의 2가 소장이다. 소화계 digestive system의 소장 벽은 구불구불 접혀 있고 표면은 융모絨毛라고 부르는 미세 돌기로 덮여 있다. 소장 내벽을 뒤덮은 융모는 소장이 수축하거나 소화 중인 음식물이 통과할 때면 사방으로 흔들리는데, 그 모습이 산호초 지대에서 하늘거리는 말미잘의 촉수와 닮았다. 길이가 수 밀리미터인 융모는 미세융모라는 아주 작은 돌기로 표면이 덮여 있다. 건강한 소장의 접힌 부분과 융모, 미세융모의 표면을 전부 합친 내부 표면적은 소장을 매끈한 원기둥으로 간주했을 때보다 120배 더 넓다. 스칸디나비아 연구진이 계산한 소화기관의 표면적은 대략 30제곱미터로 소형 아파트 한 채 면적과 맞먹는다.[5] 정상적으로 기능하는 소장은 모든 면에서 믿을 수 없을 만큼 놀랍다. 고등학교 생물 시간에 인간의 소화기관을 배운 친구가 내게 이런 질문을 했다. "소장이 정말로 우리 몸 안에 사는 거대한 벌레라면 어땠을까?" 그가 던진 어리숙한 질문에 나는 쉽게 대꾸할 수 없었다.[6]

우리가 식품에서 섭취한 영양분은 융모 내부의 고리 모

양 모세혈관을 타고 이동한다. 장 모세혈관은 몸 전체로 퍼진 가느다란 혈관이 형성한 거대한 망의 일부다. 모세혈관은 우리 몸을 구성하는 40조 개의 세포에 손쉽게 도달하여 에너지, 물, 산소를 일정하게 공급한다.[7] 동맥과 정맥은 모세혈관으로 연결되어 있어서, 산소가 풍부한 혈액이 심장에서 출발해 동맥을 타고 모세혈관으로 들어가 산소를 내준 뒤 모세혈관에서 나와 정맥을 타고 다시 심장으로 돌아간다. 심장은 하루에 10만 번 박동하여 동맥·모세혈관·정맥 모두 합쳐 길이 10만 킬로미터에 이르는 혈관에 혈액이 흐르게 한다.[8] 모세혈관은 1661년에 이탈리아 생리학자 마르첼로 말피기Marcello Malpighi가 개구리의 허파를 현미경으로 관찰하던 중 발견했다. 처음에 양으로 실험했던 말피기는 나중에 개구리로 실험동물을 바꾸었다. 실험동물의 심장이 뛰는 동안에는 가장 미세한 혈관을 관찰할 수 없다는 것을 알아차린 그는 허파를 몸에서 떼어내 건조시키고 납작하게 만든 뒤 성공적으로 혈관을 관찰했다. 동물 해부vivisection 실험의 역사에서 말피기의 실험은 어린아이 장난에 불과했다. 더 잔인한 실험은 영국 의사 윌리엄 하비William Harvey의 손에서 탄생했는데, 그는 탁자에 묶인 개와 사슴의 목과 가슴을 열어서 내부를 관찰하고 혈액순환을 이해했다.

으깬 감자를 먹으면, 감자 전분에서 분해된 포도당을 실은 적혈구가 혈류를 타고 온몸으로 퍼진다. 몸 구석구석의 굶주린 세포는 근처 모세혈관을 통해 포도당을 흡수한다. 음식에서 에너지를 얻는 과정에 필요한 산소는 허파꽈리를 거쳐 혈관으로 흡수된다(말피기는 허파꽈리도 발견했다). 일단 포도당 분자가 세포 안으로 흡수되면 더 작은 조각으로 쪼개지고, 쪼개진 조각은 포도당의 구성 원자가 방출한 전자를 끌어당겨 에너지를 발생시킨다.[9] 포도당 대사는 특수한 효소로 조절되는 몇 개의 단계를 거치며 일어난다. 많은 효소가 세포 속 미토콘드리아mitochondria라는 독립된 구조의 내부 특정 위치에 존재한다. 세포를 그림으로 그리면 미토콘드리아는 주름진 내막을 지닌 알약 모양으로 표현된다. 식품 속 에너지의 대부분은 미토콘드리아에서 일어나는 산화 과정을 거치며 몸에 흡수된다.

생명은 서서히 타오른다. 이 비유는 시적 의미를 넘어선다. 모닥불과 마찬가지로 신체는 산소를 소모하고 이산화탄소 몇 모금과 물만 남긴다. 그런데 에너지를 방출하는 방법은 서로 다르다. 통나무가 탈 때, 목재를 구성하는 분자에서 전자가 튀어나오고, 수분은 증발하며, 불길이 공기 중으로 치솟는 사이에 이산화탄소가 날아간다. 목재의 에너지 대부분은 적외선이나 열로 방출되고 부차적으로 가시광선이 나온다. 모닥불 속의 산소는 산화 중인 물질에서 나온 전자를 붙잡는데, 이는 세포 안에서도 마찬가지다. 하지만 활활 타는 불 속에서의 산화는 마구잡이로 일어나는 반면에 세포 안에서 발생하는 포도당 산화는 조절이 가능하다. 이처럼 세포에서 산화 반응이 조절되는 까닭은 포도당이 여러 단계를 거쳐 분해되고, 산화 반응이 세포 안의 특정 구획에서만 일어나기 때문이다. 이처럼 세포는 철저하게 산화 반응을 조절하여 전달에 용이한 연료 물질의 형태로 많은 에너지를 얻는다. 이러한 노력에도 미토콘드리아는 포도당을 태울 때 섭씨 50도로 온도가 상승해 에너지 손실을 본다.[10]

포도당은 교묘한 방법을 써서 세포 안으로 들어간다. 세포는 주위 환경과 구분 짓는 방수 막과 같은 지질 막에 둘러싸여 있다. 지질은 기름기가 도는 분자로 물에 녹지 않는다. 간세포는 다른 간세포에, 혈액 세포는 혈류 속 혈장(혈액에서 혈구를 제외한 액상 성분 - 옮긴이)에 싸여 있듯이, 아메바 같은 단세포생물은 연못 물에 둘러싸여 있다. 이때 화학물질은 세포 안팎을 출입하긴 하지만, 당류나 물에 녹는 물질이 세포막을 가로질러 자유롭게 이동하지는 못한다. 즉, 연못 물에서는 자유롭게 확산되는 화학물질이 세포 안팎을 멋대로 드나들지는 못하는 것이다. 이를 통해 아메바는 모든 면에서 자신의 상태를 엄격하게 통제하고 무질서한 연못에서 질서의 섬으로 존재한다.

세포는 질서 있게 공간을 구분하는 벽이 있고 방문자를 통제하는 문과 창문이 설치된 아주 깔끔한 집과 같다. 세포막에 있는 단백질로 세포는 자신의 상태를 조절하는데, 그 단백질은 수용성 물질이 드나드는 출입구 역할을 한다. 단일 원자뿐만 아니라 큰 분자도 단백질 출입구를 통과한다. 포도당이 세포 안으로 들어갈 때 거치는 막 단백질은 포도당 분자 크기에 잘 맞는 구멍을 유연하게 개방하여 세포막을 통과하게 해준다. 다른 수송 단백질은 세포막의 한쪽에서 다른 쪽으로 소듐(Na^+)이나 포타슘(K^+)과 같은 이온을 밀어내 세포막에 전압을 발생시킨다. 우리는 전지가 발생시킨 전압에 익숙하다. 전압은 서로 다른 금속 사이로 전자와 이온이 흐르며 발생한다. 이는 구리와 아연 선이 연결된 감자에서 발생하는 전류로 전자시계를 작동시켜 증명할 수 있다. 같은 이론이 전지의 축소판처럼 움직이는 세포에도 적용된다. 생명체에 꼭 필요한 세포막 전압은 포도당을 비롯한 여러 물질을 흡수할 때 사용된다. 세포 안에서 전지처럼 작동하는 미토콘드리아는 주름진 내막을 가로질러 형성된 전압을 화학 반응에 필요한 에너지로 전환한다. 엽록체 또한 태양전지판처럼 햇빛에 충전되는 전지다. 생명체는 세포 전력에 의존한다.

뉴런neuron이라고도 부르는 신경 세포nerve cell는 막 단백질을 통과하는 소듐과 포타슘 이온의 흐름으로 전류를 발생시킨다. 막 단백질의 통로는 신경 세포를 따라가며 열리거나 닫히며 세포막 전압을 변화시킨다. 이러한 전기 자극은 신경섬유를 타고 흘러 시냅스synapse를 경유해 하나의 세포에서 인근 세포로 전파된다. 뉴런은 다중 시냅스로 서로 연결되면서 신경계를 직선형 파이프 다발이 아닌 미로에 미로를 더한 그물망으로 만든다.

신피질新皮質, neocortex은 포유류 두뇌의 올록볼록한 표면으로 가장 바깥 부위이다. 뇌의 뉴런 160억 개는 시냅스 100조 개로 연결된다. 두뇌 회로를 통해 우리는 웃고, 울고, 사랑에 빠지고, 절망을 맛보고, 서사시를 쓰고, 트위터로 슬픈 메시지를 보낸다. 인간의 자아도취 성향뿐만 아니라 예술적·과학적 성과가 신피질에서 나온다. 인간과 비교하면 향유고래sperm whale의 뇌는 여섯 배 크고, 참거두고래long-finned pilot whale의 신피질 뉴런은 두 배 많다.[11] 고래는 검푸른 바다에서 어떤 사랑과 절망의 노래를 부르는가? 고래를 보면 신피질을 영리함의 기준으로 생각하기 힘들다. 아프리카 회색앵무와 문어는 진화 과정에서 좋은 성과를 거두지 못했지만, 온갖 어려운 문제를 해결한다. 몇몇 동물심리학자에 따르면, 알렉스라는 이름의 유명한 앵무새는 단어를 100개 이상 알고, 물건의 크기와 색을 설명할 수 있으며, 간단한 계산도 할 줄 알았다.[12] 수조 속 문어가 지루함을 표현하는 것도 확실한 지능의 증거이며, 동물들이 재미로 아쿠아리움 작업자에게 물줄기를 뿜고, 시간을 때우려고 소라게를 던지거나, 치밀한 탈출 계획을 추진한 이야기도 전해진다.

우리는 신경계의 지배를 받아 움직이고 의식적·무의식적 행동을 조정한다. 이러한 행동은 특히 인간이 농사를 짓기 전, 야생에서 사냥감을 잡아야만 했던 시기에 중요했다. 몇몇 인류학자는 우리가 단거리가 아닌 장거리 달리기로 영양이나 다른 식용 짐승을 앞질러 달려가서 사냥감이 완전히 지치도록 한 뒤에 잡았다고 생각한다. 추적 사냥이다. 늑대와 야생 개, 하이에나도 같은 행동을 한다. 더운 낮에도 인간은 먹지도 마시지도 않고 쉼 없이 달리며 땀을 흘려 체온을 조절함으로써 사냥감보다 더 오랫동안 버틸 수 있다.[13] 게다가 초기 인류는 무기를 사용하고, 사냥감을 구덩이에 빠뜨리기도 했을 것이다.

인류학 연구를 통해 발견한 또 다른 중요한 사실은 죽은 동물의 사체를 먹는 식습관이 인류의 진화를 촉진했다는 것으로, 우리의 선조는 사냥에 탁월한 포식자가 먹잇감을 잡고 난 뒤 열리는 축하 파티에 모습을 드러냈다. 검치호랑이 sabre–toothed tiger나 사자 같은 육식동물이 남긴 고기를 먹는다고 가정하면, 우리는 육식동물과 어느 정도 거리를 유지하며 뒤쫓다가 그들이 남긴 고기가 무엇이든 간에 먹어야 할 것이다. 이 모습은 인간이 최강의 사냥꾼이라는 관념과 충돌하지만, 사자가 큰 초식동물을 물어뜯고 남긴 질긴 살점이나 기름진 내장을 포식한다는 측면에서는 훌륭한 전략이다. 관건은 남은 고기를 일찍 발견하는 것이다. 변질된 사체에는 부패 미생물이 생성한 치명적인 독소가 있어서 먹기에 좋지 않다. 악어와 독수리는 썩은 고기를 먹을 수 있도록 진화하여, 부패한 고기가 내뿜는 독소와 감염 물질에도 견디는 장내세균과 강력한 위액을 지닌다.[14] 이 동물들보다 평범한 노선을 택한 인간은 부패한 고기를 피할 수 있도록 진화했고, 그 결과 우리는 썩은 고기 냄새에 민감하게 반응하게 되었다.

단백질 소화는 위장이 분비하는 위산으로 시작해 소장에 도착한 뒤에도 계속된다. 효소는 단백질을 아미노산으로 분해하고, 아미노산은 간에 저장되었다가 설탕과 마찬가지로 미토콘드리아에서 산화된다. 소장에서 소화된 지방은 지방산으로 분해되고, 지방산 역시 미토콘드리아에서 연소된다. 하지만 신체에 완벽한 연료는 녹말 분해로 생성된 포도당이다. 인간은 녹말 분자 한 가닥을 포도당 분자로 조각내는 아밀라아제 효소의 정보가 담긴 유전자 사본을 여러 개 지니고 있다. 그래서 아밀라아제 유전자 사본을 한두 개 지닌 다른 유인원보다 인간의 침에 녹말 분해 효소가 훨씬 많다. 감자가 불에 익으면 녹말 구조가 변화하여 아밀라아제가 녹말을 포도당으로 분해하기 쉬워진다. 아밀라아제가 많이 분비되도록 유전자가 변화하는 동시에 불로 요리해 먹기 시작한 결과, 인간은 큰 뇌를 발달시키는 데 필요한 에너지를 풍족하게 섭취할 수 있었다. 예나 지금이나 우리는 고기 먹기를 마다하지 않지만, 일부 인류학자는 탄수화물이 많은 채소를 조리해 먹은 것이 인간의 뇌가 커지는 데 결정적인 역할을 했다고 믿는다.[15]

뇌는 약 20와트의 전력을 소모한다. 20와트는 낡은 100와트 전구 속 텅스텐 필라멘트와 밝기가 같은 작은 형광등의 전력 소모량과 같다. 뇌는 크기가 커서 많은 에너지를 쓰는 데다가 뇌를 제외한 신체의 안정적인 활동을 위해 80와트의 에너지를 추가로 필요로 한다. 이 에너지 가운데 상당량은 열로 방출되기 때문에 우리는 사람으로 북적이는 방에서 불편함을 느낀다. 하루에 필요한 에너지는 약 2,000킬로칼로리로 큰 감자 7개(2.6킬로그램)나 스테이크를 한 접시 가득(1킬로그램 이하) 섭취하면 충족된다. 다른 영장류와 마찬가지로, 인간의 에너지 소모량은 비슷한 체격에 에너지 효율이 낮은 다른 포유류의 절반 이하다.[16] 티치아노 베첼리오Tiziano Vecellio나 프랜시스 베이컨Francis Bacon이 작은 전구보다도 에너지를 적게 써서 그토록 훌륭한 작품을 남겼다는 사실을 기억한다면, 문명의 결실을 찬양해야 하는 분명한 과학적 이유를 발견하게 된다. 하지만 21세기에 우리가 생활하면서 얼마나 많은 에너지를 낭비하고 있는지 알면 인간의 매력은 반감된다. 1년 동안 미국인 한 명은 평균 1만 2,000킬로와트시의 전기를 쓰는데, 이는 같은 기간에 대기 중으로 이산화탄소 16톤을 배출하는 것과 같다.[17] 그리고 미국인 한 명이 쓰는 전기는 영국인 2.5명, 중앙아프리카공화국 340여 명의 사용량과 맞먹는다.

에너지는 뇌와 신체의 활동뿐만 아니라, 유해 미생물의 증식을 막는 대사 작용에도 소모된다. 자궁에서 무덤으로 이어지는 여정에서 우리가 밝힌 불을 끄는 데 미생물은 온 힘을 다한다. 자연은 진공상태를 혐오하기에, 감염성 미생물이 모든 유기체를 악화시키는 것은 피할 수 없는 골칫거리다.[18] 뇌 감염병으로 고통 받는 환자가 알게 되어도 실제 달라질 것은 없지만, 환자의 몸에서 활동하는 미생물에는 아무런 악의가 없다. 박테리아와 수많은 전염성 바이러스도 인간처럼 자신의 유전자를 오랜 시간에 걸쳐 후대에 전달한다.[19] 그러지 않았다면 그들은 지구에 없었을 것이며, 이것이 간단히 말해 자연선택이다. 생존은 효율적인 세포와 신체에 담긴 효율적인 유전자의 몫이다(이 문장에서 '효율적인'은 '적당한'으로 대체될 수 있는데, 생존이라는 과제는 '적당하게'만 수행되면 충분하기 때문이다). 눈에 보이지 않는 괴물에 과잉 대응하는 인간의 면역계는 기적이다(여기서 기적이란 주술의 결과가 아니라 깜짝 놀랄 만한 일을 의미한다). 신체 조직을 감시하는 면역 세포인 백혈구는 세균이 침입하면, 일단 반응성 표면으로 꿀꺽 삼켜서 파괴한다. 다른 면역 세포는 우리 몸에 불쑥 찾아온 미생물이 무엇인지 식별한 뒤에, 미생물을 파괴하는 다른 세포에 신호를 보낸다.

몸속에 증식한 암세포가 건강한 조직을 파괴하고 정상적인 활동을 방해할 때, 신체는 자신에게 대항하는 최악의 적군이 된다. 암세포는 신체 조직의 재생에 관여하는 DNA가 복제되는 도중에 흔히 일어나는 오류로 발생한다. 면역계 기능이 결핍된 돌연변이 쥐 실험에서 암세포는 매일 증식하는 것으로 밝혀졌다.[20] 암은 모든 생명체에서 생성되지만, 면역계가 작동해서 그 못된 세포를 청소한다.

몸속의 세포와 세포, 미생물과 미생물, 그리고 박테리아와 세포가 주고받는 화학적 대화에서 빚어지는 불협화음을 고려할 때, 우리는 활기차게 움직이는 생태계이자 몸 안팎으로 존재하는 미생물 군집을 극복한 유인원이며, 색상은 화려하지 않지만 생물학적으로 다양한 산호초 군락 그 자체임이 분명하다. 우리는 머릿니와 회충을 포함한 다양한 기생충을 전파해왔는데, 여러모로 생각해보면 그러한 기생충들은 사라지는 편이 두말할 것 없이 좋다. 한 사람의 몸에 머릿니 3만 마리가 살 수 있다. 12세기의 충격적인 일화에 따르면, 캔터베리 대주교 토머스 베켓Thomas Becket이 살해당해 몸이 차가워지자 옷에서 기생충 무리가 "마치 가마솥에서 부글부글 끓어오르는 물처럼" 들끓었고, "주위의 구경꾼들은 울음과 웃음을 번갈아 터뜨렸다"고 한다.[21]

그렇다면 우리는 기계와 같은 신체를 깊이 성찰한 끝에 어떠한 결론을 내려야 할까? 우리는 '어느 정도는 생각하는 인간Homo somewhat sapient'이지만, 사실은 무기질 뼈대에 지방 덩어리를 매끄럽게 펴 바른 뒤 단백질 끈과 전깃줄을 동여매고, 풀무로 가슴 속에 공기를 불어 넣고 정교한 배관을 통해 영양분과 물을 공급한 후에 내장을 집어넣어 질긴 가죽으로 감싼 것이다.[22] 햄릿이 말했듯이, "하나의 작품이자 동물의 본보기다."(2막 2장)

4장

유전자

우리는 어떻게 설계되었을까?

유전자遺傳子, gene는 생명체에게 자신의 사본을 다음 세대에게 물려주라고 지시한다. 우리는 유전자를 잠시 보관하는 그릇으로, 선조의 DNA가 후손을 향해 흐르는 강 하구의 삼각주가 연상되는 계통수에 놓여 있다. 정자와 난자가 수정될 때마다 강줄기들은 합쳐지고 새로운 물줄기가 솟구치며 삼각주를 흔든다. 자손이 없으면, DNA는 제자리에서 빙빙 돌다가 침전한다. 종교를 믿는 사람들은 순수한 유전학적 목표를 초월하는 삶의 목적이 있다고 믿는다. 사후 세계에 대한 갈망을 접어둔 사람들은 흐르는 DNA의 아름다움에 만족해야 한다. 어떠한 관점도 우리를 만족시키지 못하지만, 〈전도서〉에서 말하듯이 태양은 다시 떠오르고, 고양이는 다시 밖으로 내보내 달라고 야옹대며, 내일의 운명은 오늘 결정되지 않는다.

인간의 유전자는 세포 소기관인 핵核, nucleus에 보관된 23쌍의 염색체染色體, chromosome에 분포하고, 미토콘드리아가 지닌 작은 염색체 사본에도 존재한다. 염색체 23쌍이 빠짐없이 모이면 유전체遺傳體, genome(세포의 유전자 총량 – 옮긴이)를 이룬다. 염색체는 두 가닥의 DNA가 만든다. DNA 한 쌍은 사다리의 가로대처럼 결합하고 한 방향으로 꼬여 이중나선을 이룬다. 히스톤histone이라는 특별한 단백질을 단단하게 휘감은 DNA는 핵 내부에 들어갈 수 있도록 응축되어 있다. 응축 상태에서 느슨하게 풀면 가장 긴 염색체 하나의 길이는 85밀리미터이고, 염색체 46개를 모두 이으면 2미터가 된다. 지름이 1미터의 수백만분의 1에 불과한 핵 속에 가느다란 DNA 가닥이 놀라울 정도로 단단하게 감겨 있는 것이다. 이는 DNA 나선 구조의 너비를 연필 두께 정도로 확대하면, 인간 염색체의 길이가 8,000킬로미터가 된다는 사실에서 확인된다.[1]

유전체에는 하나의 생명체를 만들기 위한 모든 정보가 담겨 있지만, 세포 안에서만 작동할 수 있다. 유전체는 다세포 생물은 물론 세포 한 개도 맨 처음부터 만들 수 없다. 생명체에서 세포와 유전체의 상호 의존성은 매우 중요하다. 유전자의 존재를 짐작하기도 훨씬 전에, 17세기 자연과학자들은

'모든 생명은 알에서 온다omne vivum ex ovo'고 확신했다.[2] 2세기 후 이 격언은 '모든 세포는 세포에서 온다omnis cellula e cellula'는 세포 이론으로 발전했다. 그런데 적어도 한 세포는 이 규칙에서 어긋난다. 부모 세포가 없는 이 세포는 생물학보다 화학을 기반으로 지구에 등장했다. 이 획기적인 사건이 일어난 뒤 10억 년 동안 유전자는 계통수를 채우는 수많은 생물, 이를테면 미생물에서 출발하여 다세포생물인 균류, 해조류, 식물, 동물을 거치며 세포에서 세포로, 이전 세대에서 다음 세대로 전해졌다. 미코플라스마mycoplasma 같은 조그마한 미생물부터 거대한 수염고래와 버섯 군집까지, 모든 생명체는 유전체로 설계된다.[3] 고래와 지렁이, 혹은 지렁이와 다른 모든 생명체 사이에 존재하는 차이점은 유전자에 있다. 다른 곳에 동물을 만드는 정보는 없다.

극도로 복잡한 생물학적 과정은 우리가 생명체를 기적이라고 부르게 하지만, 인간의 본질을 이해하려면 그런 생각에서 벗어나야 한다. 갓 태어난 아기를 보면 감정이 벅차오르긴 해도 아기의 가족을 제외한 다른 사람에게는 그리 특별할 것도 없다.[4] 최신 휴대전화나 항공기에 담긴 눈부신 과학기술을 떠올릴 때 우리는 그러한 장치들이 어떻게 작동하는지는 거의 알지 못하지만, 숙련된 엔지니어들이 생산 라인에서 조립했다는 것은 확신한다. 아기에게도 그와 비슷한 추리를 적용하면, 수정란이 어머니의 몸에서 생성되었다는 것은 확실하다.

아기는 자궁과 태반을 준비하고 태아에게 양분을 공급하는 모체 유전체의 도움을 받으며 자신의 유전체가 내리는 지시에 따라 성장한다.[5] 휴대전화나 항공기를 제조하는 방법은 자연이 생명체를 만드는 과정과 크게 다르다. 세계에서 가장 잘 팔리는 경비행기 세스너 172호의 프로펠러를 설치하는 최종 단계는 작업지시서에 "볼트를 프로펠러에 대고 꽉 조인 다음, 스테인리스 안전 철선을 고정하시오"라고 적혀 있다. 엔지니어는 지시에 따라 작업을 수행하고, 작업지시서는 그 엔지니어가 어떤 도구를 사용해야 하는지를 이미 알고 있다고 가정한다. 만약 생명현상을 이용해 경비행기를 조립하려고 했다면 DNA는 작업지시서보다 더 많은 지시 사항을 나열해야 했을 것이다. 세스너의 DNA는 전체 조립 과정을 상세히 설명하고, 모든 부품이 올바른 위치에 조립되었는지 확인해야 한다. 우리 유전체는 수만 가지의 서로 다른 분자로 이루어진 신체 구성 요소를 구체화하고, 각각의 구성 요소가 어느 위치에서 어떤 일을 해야 하는지 지시한다. 만약 인간 세포가 조립되고 작동하는 모든 단계마다 지시가 필요했다면, 아마도 유전자가 수백만 개는 필요했을 것이다. 하지만 유전체 안에서 그러한 작업이 효율화된 덕분에 유전자는 2만 개로도 충분하다.

DNA는 지속해서 감독하지 않아도 훌륭하게 일을 해내는 뛰어난 로봇을 생산하도록 지시하기 때문에 많은 정보를 저장할 수 있다. 여기서 로봇이란 화학반응을 촉진하는 효소를 말하는 것으로, 각각의 효소는 자신의 구조에 저장된 과정에 맞춰 임무를 수행한다. 세스너 172호 이야기로 돌아가자. 만일 효소 같은 방식으로 작동하는 도구가 있다면 기계적으로 자신의 몸에 볼트를 붙인 즉시 프로펠러를 단단하게 조일 것이다. 작업지시서에는 "프로펠러를 볼트로 고정하시오"라는 구체적 지시가 아니라 "도구 알파를 만드시오"라고 적혀 있을 것이다.

효소의 일 처리 능력이 뛰어난 이유는 생물의 역사를 거치며 시험을 치렀기 때문이다. 아주 오래된 효소 몇몇은 포도당에서 에너지를 얻는 일처럼 많은 생명체가 공통으로 수행하는 유지·관리 임무를 맡는다. 이 효소들은 소소한 기능 개선을 거치며 수십억 년 동안 되풀이된 평가에서 살아남았다. 만약 기존과 조금 다른 효소 하나가 생명체에 만들어졌으나 잘 작동하지 않아서 그 개체가 번식에 실패한다면, 그 효소를 만드는 유전자는 다음 세대로 전해지지 않는다. 즉, 그 유전자를 지닌 개체가 시험에 탈락해 죽는 것이다. 만약 새로운 효소가 기존 효소보다 일을 더 잘해서 새 효소를 지닌 개체가 더 많은 자손을 남길 가능성을 높인다면, 이들은 더욱 번성할 것이며 어쩌면 다음 세대에서 기존 효소의 유전자를 대체할 것이다. 이러한 유전자의 개선과 세대를 거치는 시험이 진화의 본질이다.

효소를 구성하는 단백질은 아미노산이 연결된 끈으로 조립되어 있다. 아미노산에는 20종이 있으며 DNA가 아미노산의 연결 순서를 결정한다. 유전자는 우리에게도 친숙한 DNA 코드 A(아데닌), T(티민), G(구아닌), C(사이토신)로 표기되는데, 이들이 DNA 사다리의 가로대 결합을 이루는 분자다. 아미노산은 DNA 코드 A, T, G, C 네 가지 코드 가운데 세 개를 조합해 간결하게 표기한다. 예를 들어 AAG는 아미노산 라이신lysine을, GCA는 알라닌alanine을 말하고, AAGGCAAAG로 배열된 DNA는 라이신-알라닌-라이신을 의미한다. 크기가 평균에 해당하는 인간 단백질은 아미노산 400여 개로 구성된다. DNA 코드의 배열이 효소 구조를 결정하기 때문에, DNA 배열을 변화시키는 돌연변이는 효소 기능에도 영향을 미친다.

DNA 코드 배열은 효소뿐만 아니라 세포 안에 물리적 뼈대를 세우는 단백질, 화학 신호를 주고받는 수용체 단백질, 그리고 유전자 발현을 조절하는 다양한 단백질에 기능을 부여한다. 세포는 단백질 이외에 세포막을 구성하는 지질, 다당류라고 통칭하는 여러 종류의 당 화합물, DNA, 핵산을 지닌다. 모든 비단백질 화합물도 단백질처럼 유전체에 정보가 기록되어야 하지만, 그 대신에 그 화합물을 만드는 효소에 간접적으로 담겨 있다. 예를 들면, 지방 분자의 한 종류인 콜레스테롤을 생성하는 몇몇 효소의 정보는 유전자 여러 개에 나누어 기록되어 있다.

인간 유전체는 DNA 코드 30억 개로 작성되는데, 그 내용이 상당히 어수선하다. 전체 유전체에서 유전자 2만 개가 차지하는 비중은 2퍼센트에도 못 미친다. 모든 유전자가 하나의 염색체에 여백 없이 전부 기록되는 것도 가능했지만, 진화는 정리 정돈에 무관심하다. 선조들의 유전체로부터 만들어진 현대인의 유전체에는 정상 유전자는 물론 오류가 있는 유전자까지 전부 담겨 있는데, 선조의 유산과도 같은 유전체의 역사를 거슬러 올라가다 보면 어류를 거쳐 박테리아까지 도달한다. 그러한 이유로 우리 몸에서 단백질을 만드는 유전자가 염색체 전체로 뿔뿔이 흩어져 의미 없는 DNA 덤불 속에 묻힌 것이다. 인간 DNA의 대다수는 아미노산과 대응하지 않거나 아무런 기능이 없는 단백질을 발현하는 코드로 작성되어 있다. 이 DNA들 가운데 일부는 단백질 합성은 아니어도 신체에 유용한 기능을 수행하지만, 대부분은 쓰레기, 즉 정크 DNA junk DNA다. 시간이 흐르면서 자연선택을 통해 보석처럼 값진 효소가 살아남는 동시에 쓰레기가 쌓여가는 것은 피할 수 없는 현상이다.

인간 유전체는 정보력이 상당히 뛰어나다. 우리가 가진 유전자의 수는 효모보다 세 배 많고, 닭이나 회충과 거의 같으며, 상당수의 식물보다 적다. 가장 큰 유전체를 가진 생물은 일본백합Japanese lily이다.[6] 우산살처럼 돋아난 푸른 잎사귀 위로 하얀 일본백합 꽃 한 송이가 피었다. 이 식물의 세포에는 인간보다 50배 더 많은 DNA가 있다. 오늘날의 빠른 염기 서열 분석법도 일본백합이 지닌 사악한 분량의 DNA를 전부 분석하기에는 실용적이지 않아서, 일본백합의 전체 유전자 수는 아직 알려지지 않았다. 일본백합보다 유전체가 작은 밀에는 유전자 9만 5,000개가 있는 것으로 추정된다. 밀이 지닌 거대한 DNA는 세 종류의 야생식물 조상이 합쳐지며 유래했는데, 세 조상 모두 처음부터 인간보다 더 큰 유전체를 지니고 있었다. 유전체가 큰 동물 중 하나인 아프리카 표범폐어marbled lungfish는 밀만큼 많은 DNA를 지닌다.

인간 게놈 프로젝트human genome project가 완료되기 전에 생물학자들은 인간에게 10만 개의 유전자가 있을 것이라고 확신했다. 결과 발표를 앞두고 예상 유전자 수가 3만 개로 줄어들자 프로젝트에 참여한 과학자들은 깜짝 놀랐다. 2001년 미국 과학 저널 〈사이언스Science〉는 다음과 같이 놀라움을 밝혔다.

> 미개한 선충이 지닌 약 2만 개의 유전자가 1.5배, 어쩌면 1.3배만 증가해도 인간이 되기에 충분할 수 있다는, 상당히 자극적인 사실은 앞으로 맞이할 새로운 세기에 틀림없이 과학, 철학, 윤리, 그리고 종교 문제를 촉발할 것이다.[7]

DNA 서열에서 불필요한 부분을 제거하고 남은 유전자 숫자가 선충과 같은 2만 개로 줄어들자, 생물학자들은 대부분 입장을 바꾸기 시작했다. 하지만 절망에 빠진 유전학자들은 그로부터 10여 년이 흐른 후에도 근거는 전혀 제시하지 못한 채 정크 DNA 속에 보물 창고가 있을 것이라고 주장했다. 유전학자들은 인간 몸속에서 겉으로는 침묵하는 다수의 DNA가 단백질 합성 지시가 아닌 다른 형태로 정보를 지니고 있을 가능성에 매료되었다. 미국에서 수억 달러의 돈이 수익성 없는 정크 DNA 파헤치기에 투자되었다.

DNA로 작성된 유전자가 단백질 합성을 지시할 때, 관련 정보는 RNA라고 부르는 핵산 물질로 전사된다. RNA는 단백질을 합성하는 유전자와 세포 기관 사이에서 매개체 역할을 한다. RNA가 단백질 만들기 외에 다양한 일을 한다는 사실은 오래전부터 알려져 왔다. 정크 DNA 속에 비밀스러운 메시지가 숨겨져 있다는 믿음 뒤에는, RNA가 더 활발히 활동하도록 촉진하는 지저분한 염기 서열에서 인간을 특별하게 만드는 요소가 나온다는 생각이 있었다.

그 후 '양파 테스트'(생물학자 T. 라이언 그레고리T. Ryan Gregory가 정크DNA에는 보편적 기능이 없다고 주장하기 위해 고안한 테스트 - 옮긴이)가 나왔다.[8] 양파의 DNA는 인간보다 다섯 배 많다. 특히 양파가 올리브 오일에 지글거리며 익을 때면 양파 역시 경이로운 창조물이라는 생각이 든다. 그런데 양파를 만들려면 사람보다 훨씬 더 많은 DNA가 정말로 필요할까? 나르시시즘에 굴복하기보다는 양파에도 인간처럼 정크 DNA가 많이 있다고 결론짓는 편이 합리적으로 보인다. 이런 관점에 비판적 태도를 보이는 사람들에는 인간의 특수성을 열성적으로 지지하는 종교적 창조론자가 있다. 그들은 근본적으로 이기주의자다. 자신을 사랑하는 것에서 그치지 않고, 인간이 특별하게 설계되었으며 생물권의 다른 어떤 생명체보다 특권을 받았다고 믿는다. 게다가 양파가 쓰레기 유전자 더미를 갖고 있다는 생각에는 만족스러워하지만, 인간도 그 쓰레기 더미를 갖고 있다는 개념은 받아들이기 힘들어한다.

생명체의 복잡성과 유전체 크기 사이의 인과관계는 매우 약하다. 우리는 생명체의 복잡성을 크기, 내부 구조, 생명 활동과 연결하려는 경향이 있다. 확실히 선충에서 인간이 될 때는 많은 요소가 필요하지만, 아마도 세포 하나가 선충이나 인간으로 탄생할 때 필요한 요소보다는 많지 않을 것이다. 이는 매우 중요한 개념이기 때문에 아무리 강조해도 지나치지 않다. 인간은 선충보다 더 많은 신체 기관으로 활동하지만, 두 생명체를 만드는 개별 세포는 똑같이 복잡하다.

경비행기 세스너 172호와 많은 승객을 태우는 대형 여객기 A380의 제조 과정을 비교해보자. 분명 여객기를 만들 때 더 많은 단계를 거치지만 상당수의 작업이 반복된다. 두 경우 모두 토크 렌치로 볼트를 조여서 부품을 고정한다. 유전체에서 유전자 대부분은 도구를 만들도록 지시하고, 그 도구는 스스로 임무를 수행할 수 있을 만큼 똑똑하기 때문에 작업지시서가 단순하다. 신진대사에 관여하고, 해부학적 구조를 만들고, 신체 움직임을 조절하며, 음식을 소화하고, 면역체계를 형성하는 등 유전자가 인간과 선충의 몸속에서 하는 일의 상당수가 비슷하다. 두 생명체 사이에 존재하는 차이점은 비교적 적은 수의 유전자에서 나오는 것으로 보인다.

인간과 선충의 뇌 크기에는 명백한 차이가 있다. 선충의 뇌는 소화관의 앞쪽 끝을 감싼 신경 세포가 고리를 이루며 형성한다. 인간 두뇌를 슈퍼컴퓨터로 치면 선충의 뇌는 주판이다. 인간의 뇌는 상당히 큰데, 그 덕분에 직립보행 인간은 도구 사용이 가능하고 섬세한 운동 능력과 뛰어난 시력도 지니게 되었으나 뚜렷한 폭력 성향도 얻어서 마치 이 땅이 자신의 소유인 것처럼 제멋대로 행동하게 되었다. 이러한 독특한 인간 속성의 유전적 토대는 빈약하다. 인간의 뇌가 큰 이유를 설명해주는 유전자가 일부 규명되었으나 인간과 가까운 대형 유인원과 선충에게는 존재하지 않는다. 이 유전자들은 기존 유전자의 복제로 형성되었고, 새로운 역할을 맡기 위해 조금씩 수정되었다. 유전자가 새로운 역할을 할 수 있도록 정보를 더해주는 유전자 복제 과정은 진화의 중요한 원동력이다. 뇌 발달과 관련된 유전자 가운데 두 개는 신경 세포의 성장과 발달에 영향을 준다. 쥐 유전체에 두 유전자를 삽입하면 뇌신경 세포는 더욱더 촘촘하게 연결되고, 뇌 표면 주름은 늘어난다. 철창에 갇혀 작은 분홍색 발톱으로 창살을 움켜쥐고, 수염을 씰룩이며 새카만 눈을 반짝이는 쥐의 뇌 주름이 늘어날수록 그 쥐의 앞날은 밝아질지 어두워질지 궁금하다.

수십만 년 전 인간이 동아프리카 지구대를 떠난 이후 인간 유전체는 변화했다. 모든 인간은 염기 서열에 C가 T나 A로 바뀐 돌연변이를 지닌다. 이러한 돌연변이 대부분은 문제가 되지 않지만, 일부는 심각한 유전병을 일으킨다. 테이-삭스병Tay-Sachs disease과 겸상 적혈구 빈혈鎌狀赤血球貧血이 유전자 서열에서 코드 하나가 변화하여 발생하는 유전 질환에 속한다. 모든 인간은 유전체에 그처럼 미세하고도 독특한 변화의 집합체를 지니고 있다. 두 사람의 유전체에는 서로 다른 부분이 400~500만 군데 존재할 수 있는데, 상당히 많이 다른 것처럼 들리지만 전체 DNA에서 1퍼센트도 되지 않는다.[9] 일란성 쌍둥이라도 하나의 배아가 두 개로 갈라진 이후에 돌연변이가 발생할 수 있기 때문에 그 정도 차이는 존재할 수 있다. 조상이 아프리카계인 경우보다 유럽계나 아시아계인 경우 DNA에 변화가 덜하다.[10] 이 사실은 현대 인류의 기원이 아프리카였다는 사실을 뒷받침한다. 가장 오래전부터 지구에 있었던 사람들의 유전자 다양성이 가장 높은 것이다.

유전자 변화는 인간 생물학의 다양한 면모를 보여준다. 첫째, 인간의 유전자 다양성은 대부분의 다른 동물 종에 비해 매우 낮다. 예컨대 노르웨이인과 나이지리아인의 DNA는 거의 같다. 둘째, 개인 사이에 존재하는 차이점 가운데 몇 가지는 인종과 관련 없다. 스칸디나비아 원주민과 아프리카인이 서로 다른 신체적 특성을 갖게 하는 유전자적 차이에는 지극히 적은 수의 유전자가 관여한다. 인간 유전체에 영향을 주는 수많은 변이 요소와 비교하면 지리적 차이가 미치는 영향력은 매우 작다.

18세기에 칼 린네는 우리에게 '호모 사피엔스'라는 라틴어 학명을 붙이고 피부색과 인지된 행동 차이에 따라 네 대륙 인종으로 분류했다. 이러한 인종 분류에 근거해 후대 과학자들은 유럽인을 전체 인종 가운데 최상위에 두고 나머지 인종은 퇴화한 것으로 간주하는 명백한 인종차별적 분류학을 만들었다. 이러한 인종차별 관념은 유전학 연구로 통제되고 있지만, 수많은 사람의 마음에 남아 또 다른 형태의 인간 나르시시즘으로 발현한다. 인종차별주의자는 자연을 좋고 싫음으로 차등 분류하는 것에서 만족하지 않고, 인종 간에도 계층이 있다고 망상한다. 이러한 신념은 너무나도 쉽게 구축된다. 인종차별주의는 개인이 지닌 가치를 알아보지 못하는 사람들에게 편리한 도피처 역할을 한다.[11]

5장

임신

우리는 어떻게 태어날까?

1분마다 아기 250명이 태어난다. 이 수치는 출산을 기적이라 말하는 것과 어울리지 않지만, 마법과 같은 출생 장면을 목격하면 왜 기적이라 부르는지 이해하고 고통을 이겨낸 어머니들을 존경하게 된다. 9개월 동안 보이지 않는 곳에서 성장한 부드럽고 반짝이는 태아의 몸은 자연이 하는 일에 경외심을 갖게 한다. 자연은 참으로 대단하다. 성인이 몸속 장기로 호흡하고 음식을 소화하며 소변을 배출하는 것은 신비한 마법과 같은 포배강 속 화학반응 덕분이다.

다른 유성생식 동물과 마찬가지로, 인간의 생명은 두 종류의 세포가 합쳐지면서 시작된다. 난자가 뿜어내는 냄새에 이끌린 정자 수백 마리가 난자 주변에서 허우적댄다. 그중 정자 한 마리가 걸리적거리는 난포 세포들 사이를 비집고 나아가 머리에서 효소 한 방울을 방출해 난자 세포막을 녹여 길을 낸 뒤 난자에 달라붙는다. 정자핵이 난자를 향해 다가가고 수정fertilization이 된다. 수정 후 24시간 이내에 수정란은 둘로 나뉜다. 후속 분열로 생성된 세포 여러 개가 뭉쳐 하나의 구球를 형성하고, 세포가 약 30개로 분할되면 내부가 액체로 채워진 구형 배반포가 된다.[1] 배반포의 구조는 연못에서 사는 조류algae의 군집만큼 단순하다.[2]

배반포 한쪽 끝에 안 세포 덩어리inner mass of cells가 형성되고 배아가 자궁벽에 붙으면서 배아 구조는 한층 복잡해진다. 신체 부위의 위치가 결정되면 배반포는 낭배囊胚, gastrula가 된다. 낭배기에 일어나는 물리적 변화의 시작은 장차 동물의 등back이 될 배아의 한쪽 면에 홈groove이 생기는 것이다. 여기서 홈이란 원시선primitive streak이라 부르는 구조에서 바깥으로 드러난 부위를 뜻한다. 원시선은 발생 초기의 분화 유도 시스템으로, 동물의 항문 반대편 끝에 반드시 머리가 생기게 하는 이점이 있다. 그리고 몸의 왼쪽과 오른쪽은 원시선의 양옆에 위치한다.[3]

낭배 형성은 세 개로 구별되는 조직층의 형성과도 관련이 있다. 외배엽ectoderm이라 부르는 바깥층은 피부와 신경계를 형성하고, 중간층인 중배엽mesoderm은 근육과 뼈조직이 되며,

가장 안쪽의 내배엽endoderm은 내장과 폐가 된다. 세 조직층이 만들어지면서 척삭脊索, notochord이라는 막대가 낭배 안쪽에 형성된다(이 유연한 막대는 나중에 척추뼈가 형성되면 척추로 흡수된다). 납작한 판 구조를 이루는 세포들이 원시선의 한쪽 끝에서 발달하는데, 원시선은 길게 늘어났다가 둥글게 말리며 신경삭nerve cord을 감싸는 튜브를 만든다. 신경삭은 척수가 되거나 부풀어서 뇌가 된다. 동물의 정체성이 명백하게 드러나기 훨씬 전인 이 시점의 배아는 참깨씨보다도 크지 않다.

척추동물의 구조는 지렁이나 곤충보다 복잡하지만, 이들의 배아를 관찰하면 많은 유사점이 발견된다. 지렁이가 지닌 분절分節, segment 구조는 고리 모양으로 주름진 표피와 특정 부위가 반복되는 마디에서 분명하게 드러난다. 마디를 지닌 동물들의 보편적인 변이 과정에서 신체 구성 요소는 마디 단위로 형성된다. 예를 들어, 지렁이의 신경계 앞쪽 끝에 부풀어 있는 한 쌍의 뇌는 신경삭을 따라 반복되는 여러 마디 가운데 덜 불거져 나온 마디에서 발생한다. 곤충도 마찬가지다. 꿀벌의 애벌레와 성체는 고리 모양 마디 여러 개가 연결된 외골격을 지닌다. 입과 더듬이는 성체의 앞쪽 마디에 있고, 그 뒤쪽 마디에는 다리 세 쌍이 있다. 척추동물의 분절 구조는 겉으로 명확히 드러나지 않지만, 서로 맞물려 척추를 구성하는 척추뼈에서 나타난다. 각각의 척추뼈는 배아 때 지니는 마디 구조인 체절體節, somite과 일치한다. 척추동물에게도 체절 단위의 보편적인 신체 구조 형식이 있는데, 예를 들어 뱀은 수백 개의 척추뼈와 갈비뼈를 지니고 인간은 그보다 적은 33개의 척추뼈와 12개의 갈비뼈를 지닌다.

배아의 모든 세포는 그 생명체를 만드는 데 필요한 유전체를 전부 지니고 있다. 뇌세포가 폐 세포와 다르게 작동하는 이유는 각 세포에서 특정 유전자의 집합만 활성화되기 때문이다. 배아가 성장하면 혹스 유전자Hox gene는 각 체절의 기능에 따라 발달 경로를 작동시키거나 멈춘다. 염색체를 직선으로 놓고 보면 혹스 유전자는 발현되는 순서에 맞춰 배열되어 있어서 머리 형성 유전자부터 시작해 배아의 꼬리 쪽을 따라 순차적으로 발달을 조절한다. 이러한 유전자의 배열은 여러 체절이 차례대로 발현되도록 돕는다. 이 과정에 실수가 발생한 결과는 참혹하다. 초파리 유전자의 발달 조절에 돌연변이가 생기면 더듬이 자리에 뭉툭한 다리가 생기거나 반투명한 날개가 뒤틀리고, 눈이 한 점으로 쪼그라든다. 척추동물에 이러한 돌연변이가 발생하면 사지가 비정상적으로 발달하거나 장기에 장애가 생기고, 안면 기형·암·청력 손실을 일으킨다.

발달 이상을 탐구하는 기형학teratology이라는 학문에서 연구에 사용한 가슴 아픈 표본은 용기에 담아 해부학 박물관에

전시한다. 발생학자embryologist는 닭이나 다른 동물의 배아 발달 과정에 열정적으로 개입하지만, 인간 기형을 연구할 때는 혹스 유전자 돌연변이처럼 자연적으로 발생한 돌연변이를 분석하는 것에 의존한다. 14일 규칙14-day Rule에 따르면, 원시선과 앞뒤 좌우 조직이 생기기 전에는 배아를 연구에 사용할 수 있다. 실험실에서 수정되어 페트리 접시에서 배양된 수정란은 보통 7일간 더 발달시킨 후 배반포가 되면 예비 산모의 자궁에 착상시킨다. 그런데 새로운 배양법으로 일부 기형이 있는 배아를 수정 후 13일을 더 발달시키는 데 성공했다.[4] 이 촉망받는 기술로 14일 규칙을 수정해야 한다는 주장이 제기되었지만, 윤리학자들의 반대가 거세다.[5]

모든 척추동물은 신경관 형성 이후에 상당히 유사한 발달 과정을 거친다. 어류, 양서류, 파충류, 조류, 그리고 포유류의 발생 초기 모습은 살찐 해마와 닮았다.[6] 다윈이 진화론을 발표하기 수십 년 전, 어류가 진화한 뒤에 다른 척추동물이 진화했다는 화석 기록 연구 결과가 발표되었다. 이는 시계태엽이 돌아가듯 육지에 상륙한 짐승이 공룡으로 발달하고 그다음에는 새가 되었다가 결정적으로 빅토리아 시대의 신사가 된다는 생각을 부추겼다. 인간이 진화 과정의 정점에 있다는 믿음은 인간이 짐승처럼 타락하면서 운명이 바뀔 수 있다는 두려움도 조장했다. 로버트 루이스 스티븐슨Robert Louis

Stevenson은 1886년 집필한 소설《지킬 박사와 하이드 씨The Strange Case of Dr Jekyll and Mr Hyde》에서 그러한 불안감을 부채질했다.

> 그는 자신의 육신 안에서 놈이 투덜대거나 부활하려고 꿈틀대는 것을 느꼈다. 놈은 그가 약해지거나 잠에 빠질 때마다 그를 지배하고 삶에서 물러나게 했다.[7]

과거 발생학자들은 다른 생물 종의 배아에서 진화의 흔적을 확인할 수 있다고 생각했고, 이러한 생각은 모든 척추동물이 발달 과정에서 어류에 해당하는 시기를 지난다는 주장으로 발전했다. 다른 생물 종 사이에 유사성이 있는 것은 사실이지만, 현대 과학의 관점에서는 그러한 유사점을 배아에 남겨진 공통 조상의 흔적으로 본다. 우리는 모두 벌레와 닮은 공통 조상에게서 진화했다. 이는 연어가 치타의 배아와 비슷해 보이는 발달 단계를 거치고, 독수리에게 개구리나 다른 동물과 비슷한 점이 있다는 사실을 말해준다.

발달 중인 배아에서 공통으로 발견되는 특징 가운데 눈여겨볼 만한 부분은 머리 아래의 움푹한 공간이다. 이 부위를 인두낭咽頭囊, pharyngeal pouch이라고 부른다. 어류 배아에서 인두낭 여러 개가 접히며 생긴 공간은 점점 안으로 파고들어 아가미가 된다. 육지 동물에게 아가미구멍은 생기지 않지만, 체절 발달에 인두낭이 매우 중요한 역할을 한다. 포유류의 중이中耳, middle ear와 고막 부위는 인두낭 위쪽에 형성된다. 면역계의 T세포를 생산하는 가슴샘은 세 번째, 네 번째 인두낭에서 발달한다. 배아의 한쪽 끝에서 자라나는 꼬리싹tail bud만 봐서는 도마뱀과 얼룩말을 구별하기 힘들다. 꼬리싹이 나오는 시기에 눈, 심장, 소화관, 사지싹four limb buds 및 다른 장기가 형성된다. 심장이 뛰기 시작하고, 배아는 몇 달 뒤에 태어날 동물의 형태를 갖추어간다.

보편적인 발달 단계를 거쳐온 배아가 자신의 정체성을 드러내는 방식은 무척 아름답다. 박쥐의 길게 자라난 손가락 사이로 날개 막이 채워진다. 코끼리의 코와 윗입술은 합쳐져 원통처럼 길게 늘어난다. 기린의 배아에는 긴 목과 앙증맞은 발굽이 생긴다. 파도처럼 밀려오는 유전자의 발현으로 정밀한 조각 작품이 포유류의 자궁 속에서 탄생한다. 이처럼 자신의 정체성을 찾아가는 변이 과정은 출생 후에도 계속되고, 성체 포유류의 골격을 통해 동물의 공통적인 골격 구조가 짧아지거나 길어지면서 서로 다른 종 사이에 얼마나 심오한 차이가 생겼는지 보여준다.[8] 인간의 배아 발달에 걸리는 시간은 코끼리의 절반도 되지 않는다. 작은 설치류는 태반을 가진 포유류 가운데 가장 빨리 출산하는데, 뾰족뒤쥐는 임신 후

2주 만에 자궁 밖으로 나온다. 유대목 동물Marsupial이 임신 후 12일 만에 출산한 연약하고 벌처럼 작은 새끼는 어미의 주머니 속에서 몇 주를 더 지낸다.

고래와 돌고래의 발달 과정에서는 뒷다리싹이 배아에 흡수되고 앞다리가 납작해지며 지느러미가 되는 놀라운 변화가 관찰된다. 모든 과정이 예정대로 진행된 결과로 어미 향유고래가 길이 4미터, 무게 1톤의 새끼 고래를 출산하면 어미와 같은 무리에 있는 고래 몇 마리가 새끼 고래를 해수면 밖으로 밀어내 첫 숨을 쉬게 한다. 향유고래의 임신 기간은 14~16개월이고 새끼 고래는 2년 동안 어미젖을 먹는다. 허먼 멜빌Herman Melville은 저서 《모비 딕Moby-Dick》에서 갓 태어나거나 아직 자궁 속에 있는 고래를 다음과 같이 묘사했다.

> 몇몇 특징으로 짐작하건대 새끼 한 마리는 태어난 지 하루도 지나지 않은 것 같았으나, 벌써 길이는 4미터가 넘고 몸 둘레도 2미터는 돼 보였다. 쾌활하게 장난을 치면서도 얼마 전까지 어미의 자궁 안에서 취하던 불편한 자세를 아직 완전하게 벗어버리지 못한 것 같았다. 마지막 도약 준비를 마친 고래의 태아는 타타르의 활처럼 머리를 꼬리에 대고 웅크리고 있다. 섬세한 옆 지느러미와 갈라진 꼬리에도 다른 세상에서 이제 막 도착한 아기의 귀처럼 쪼글쪼글한 주름이 아직

남아 있었다.[9]

모든 포유류는 몇 달간 물속에서 지내지만 낯선 곳에서 태어나며 그 사실을 잊어버린다. 나는 1967년, 영국에서 낙태가 합법화되기 5년 전에 태어났는데 만약 그 당시에 낙태가 합법이었다면 나의 생물학적 어머니는 내 존재를 없앴으리라 생각한다. 자궁 진공 흡인법으로 빨아낸 나는 흔적 없이 사라지고 나의 양부모는 다른 아이를 입양했을 것이다. 이런 생각에 마음은 불안해지지만, 일어났을지 모르는 다른 상황들도 떠올려본다. 그때 낙태를 했더라도 생명을 잃은 배아는 내가 아니다. 배아가 발달해 해마와 닮은 시점으로 들어서야 비로소 내가 된다. 임신 후반기에 낙태 시술을 했다면 죽은 태아는 태어날 아기의 모습을 하고 있었겠지만, 그 태아 역시 내가 아니고, 배 속의 아기는 태어나고 나서야 나라는 존재가 된다. 자궁 속에서 태어날 순간을 기다리는 포유류는 새끼 고래처럼 첫 숨을 쉬고 나서야 자신을 표현하는 하나의 개체가 된다.

에드먼드 스펜서Edmund Spenser는 《선녀 여왕The Faerie Queene》에서 그러한 반사실적 사고counterfactual thinking의 한계를 시적으로 표현했다.

> 마치 배 한 척이 돛을 달고 순풍에 미끄러져 가다가,
> 배를 산산조각 내려고 숨어서 기다리고 있는 암초에서
> 자신도 미처 모르는 사이에 살짝 벗어났을 때,
> 아직도 반쯤은 넋이 나간 선원이 막 지나간 위험을 돌아보고는,
> 여전히 미심쩍어하면서 얼떨결에 겪은 요행에
> 감히 기뻐하지 못하는 것처럼…….[10]

당신의 인생에서 암초는 무엇이었는가? 보도 아래로 내려온 당신의 눈앞을 버스의 사이드미러가 씽하고 스쳐 지나가는 순간은 어떨까? 몇 초 전 샌드위치 가게 창문 뒤로 나풀거리는 노란 나방에 정신이 팔려 걸음을 늦춘 것은 얼마나 다행인가. 그 나방이 당신을 구했는가, 아니면 창문을 열어두려 애쓰지 않은 청소부에게 감사해야 하는가? 인생은 아슬아슬한 실수의 연속으로 흘러가다가 멈춘다. 낙태는 인생에 일찍 찾아올 수 있는 갈림길 가운데 하나다. 만약 당신이 태어나는 도중 죽었거나, 배 속에서 자연유산이 되었거나, 수정란일 때 착상되지 않았거나, 당신 부모님이 그날 성관계를 갖지 않았다면 어땠을까? 그런데 인생의 불확실성이 몰고 온 불행한 사건은 인생에서 일어날 수 있는 모든 결과 중 가장 좋은 결과로 나타나기도 한다. 예컨대 버스 사이드미러와 내가 충돌하면, 미래에 내가 얻게 될 자녀가 사랑하는 부모

를 잃을 가능성은 사라진다.[11]

존 밀턴의 《실낙원Paradise Lost》에서 아담은 에덴동산에서 추방당하고 인류에게 가해진 불쾌한 규칙에 화가 난 나머지 신이 자신을 창조하게 된 동기에 의구심을 갖는다.

> 창조주여, 제가 부탁했습니까,
> 진흙을 빚어 저를 사람으로 만들어달라고?
> 제가 애원했습니까,
> 어둠에서 저를 끌어내 달라고?(제5편, 743~746)

메리 셸리Mary Shelley는 1818년에 발표한 저서 《프랑켄슈타인Frankenstein》 도입부에 위에 언급된 아담의 기도를 인용해 강렬한 인상을 남겼다. 빅터 프랑켄슈타인은 마음속에서 끓어오른 오만함에 휩쓸려 창조한 괴물이 자신에게 고마워할 것이라고 착각했다. 아무리 좋게 보아도 삶은 놀라운 선물에 불과하다. 최악의 경우에는 달갑지 않은 짐이 된다. 내 인생에 깃든 행운을 생각한다면 태어난 것을 후회하기란 어려울 것이다. 하지만 '나의' 수정란이 사라졌다면 나는 후회의 감정을 표현하려고 여기에 있지 않았을 것이고, 나의 호흡에 높은 가치를 매기는 일부 사람들에게 내 존재가 알려지는 일은 결코 없었을 것이다. 매년 예상되는 유도 낙태 건

수는 6,000만 건이다. 낙태를 막으면 세계 인구 연간 성장률은 1퍼센트를 조금 넘는 현재 수준에서 2퍼센트로 증가할 것이다. 과거였다면 자궁 밖으로 나오지 못했을 사람도 우리와 같은 모습의 시민으로 살아갈 것이지만, 전 세계 시인과 바보의 비율에는 변화가 없을 것이다.

낙태를 반대하는 사람들은 장래가 촉망되지만 태어나지 못한 아기들 생각에 견딜 수 없이 슬퍼한다. 그들의 상상 속에서 낙태는 인류에게 위협적이고, 낙태 문제는 선거 후보자를 선택하는 데 중요한 요소로 작용한다. 더 나아가 그들은 종교적·윤리적 관점에서 어떠한 형태의 피임도 금지해야 한다고 해석한다. 그리고 이러한 생각이 생명을 향한 사랑이자 모든 인간의 삶 속에 존재하는 사랑이라고 설교한다. 그들 관점에서 여성의 개인적인 선택이나 임신으로 인해 위협받는 여성 건강, 심각한 태아 기형은 아기를 임신하고 낳아서 얻을 가치에 비하면 보잘것없다. 낙태 반대는 분명 바티칸의 입장이고, 기독교의 정교회와 같은 분파는 물론 이슬람교, 힌두교, 기타 종교로도 확장된다.

모체가 품은 태아를 진공으로 빨아들인다는 생각에 공포를 느끼는 사람도 있지만, 태아와 자궁 조직을 구별하기 어려운 임신 초기의 낙태에는 그다지 거부감을 느끼지 않는 사람도 있다. 태아에 사지싹이 생기고 뇌에 인지능력이 생긴 시점에 도달하면 논쟁은 더욱 거세진다. 미국은 낙태 가능 시점에 관한 법적 논란이 일어나자 태아의 심장박동이 감지되는 시점을 기준으로 세웠다. 일부 국가는 태아가 인큐베이터에서 살아남을 수 있는 시점을 고려하기도 한다.

낙태에 관한 논의에서는 태아가 느끼는 고통을 중요하게 다루는데, 이에 관련된 문제가 복잡하다.[12] 해부학 연구 결과에 따르면, 태아 발달 초기 단계에 신경섬유는 원시 뇌 조직과 척수에서 출발해 발달하고 있는 사지에 이르기까지 강줄기처럼 선명하게 뻗어나간다. 이 신경섬유는 6~7주 된 배아에 존재하는데, 핀의 머리처럼 끝이 살짝 부푼 선의 형태로 뇌의 여러 영역에서 드러난다. 연결된 신경의 일부는 뇌에 감각 정보를 전달한다. 나머지 신경은 움직임을 조절하는 신경 자극을 처리한다. 6~7개월 된 태아에서 시상視床이라고 부르는 뇌의 중심부는 대뇌피질에 연결되어 있다. 시상은 일종의 중개소 역할을 하는데, 체내에 분포된 감각신경을 타고 도달하는 정보를 대뇌피질로 전달해 처리하게 한다. 이 경로는 우리가 출생한 뒤에 더위와 추위를 느끼고, 무엇에 눌리면 반응하며, 피부가 베이면 움찔할 수 있게 해준다. 태아의 경우 자궁 안에서 실제로 깨어 있는 것인지 불분명하기 때문에 상황을 해석하기가 복잡하다. 따뜻한 물에서 목욕하면 우리는 마치 꿈속의 무의식 상태에 놓인 느낌을 받으며 화학적으로 진정된다.[13] 건강한 태아는 사지를 움직이고 큰 소리에 반응하며 자궁 속에서 발차기와 딸꾹질을 하지만, 이러한 행동이 신생아와 부모 간의 상호작용처럼 의식적 반응임을 의미하지는 않는다.

초파리와 같은 곤충의 성체는 발달 초기의 뇌를 지닌 인간 배아보다 감각기관을 통해 정보를 해독하고 기회를 추구하며 도전하는 능력이 뛰어나다. 곤충과 인간을 두고 누가 더 정교한지 비교하는 것은 자궁 속 태아가 점점 자라 자연계에서 가장 복잡한 뇌를 지니게 되면서 무의미해진다. 놀랄 만큼 뛰어난 컴퓨터를 지닌 태아는 잠을 자면서도 자궁에서 정보를 받는다. 하지만 내가 눈여겨보는 것은, 감각을 지닌 수많은 동물을 해부하고 학대하는 우리의 경솔한 행위다.[14] 전례 없는 동물 학대를 저지르는 인간이 한편으로는 아무런 의심 없이 태아가 신성하다고 주장하는 모습에서 극에 달한 자만심을 엿본다.

6장

지성

우리는 어떻게 생각할까?

우리가 글을 읽고 생각하고, 심장과 폐 기능을 감시하며, 근육을 긴장·이완시키거나 내장 운동을 조절할 때, 신경 자극은 뉴런을 따라 시속 400킬로미터로 전력 질주한다. 수없이 오고 가는 신경 신호는 생명을 유지하는 기계적 활동을 수행하고, 뇌로 들어오는 정보를 관리하며, 무수한 상념 속에서 질서를 찾는다. 우리는 신경계 그 자체다. 기억을 보관하는 방법과 꺼내는 방법은 잘 모르지만, 예를 들어 '흰머리독수리bald eagle'를 생각할 때 특정 새에 관련해 저장된 정보에 접근한다는 것에는 의심의 여지가 없다. 독수리에 관한 내용이 뇌에 기록된다는 사실은 우리 자신을 이해하는 데 중요하다. 새의 이미지가 뇌가 아닌 다른 장기에서 떠오른다고 믿는 사람은 아무도 없다. 더 나아가 인간 사고의 본질은 뇌 속에 살아 있고, 우리가 죽으면 사고도 함께 죽는다. 천천히 하지만 확실히, 과학은 논란의 여지가 있는 영혼soul의 철학적 개념을 신학 뒤편으로 몰아냈다.[1] 모든 경험은 신경계 화학전달물질의 활동을 통해 우리에게 온다.

인간의 뇌는 진화가 빚어낸 복잡한 컴퓨터다. 침팬지나 소보다 똑똑한 우리는 자칭 지구 최고의 권력자로서 활보하며 자연을 두려움에 떨게 한다. 인간 두뇌에 고도의 지적 능력이 있는 것은 울록불록한 뇌의 표면 덕분이다. 인간의 의식과 언어능력은 뇌 표면의 신피질을 구성하는 160억 개의 뉴런이 주고받는 신호에서 나온다. 신피질은 포유류의 신체에서 발견되는 독특한 구조로 동물 진화의 역사에서 비교적 최근에 등장했다. ('신피질'은 종종 '피질'이라는 단순한 용어로 대체되기도 하는데, 이 책에서도 앞으로 '피질'이라고 언급할 것이다.) 파충류와 오래된 동물군의 두뇌에는 피질이 없다.

마다가스카르와 아프리카 본토 일부 지역에 서식하는 동물, 텐렉Tenrec은 초기 포유류와 닮았을 것으로 추정된다. 텐렉 뇌의 피질은 제대로 발달하지 않아 표면이 매끈하고 인간 뇌의 단면처럼 뚜렷한 층 구조가 드러나지 않는다. 포유류 진화의 역사에서 뇌 크기는 일부 계통에서 커졌으나 그 외 계통에서는 줄어들었고, 코끼리와 고래가 가장 큰 뇌를 지니게 되었다.[2] 뇌 크기가 커지면서 팽창한 피질은 한정된 두개골 내부 공간에 들어가도록 주름이 깊게 잡혔다. 피질에 주름이 없다면 인간의 머리는 엑스트라 라지 피자 한 판 크기 정도로 컸을 것이다.[3] 인간에게 고유의 언어능력뿐만 아니라 추상적 사고 능력도 부여하는 피질은 감각기관에서 전달된 정보를 처리하는 몇 개의 영역으로 구분된다. 양파를 썰거나 펜으로 글씨를 쓰는 미세 운동 능력에도 피질의 신경 세포가 관여한다.

하지만 인간의 위대함이 모두 뇌의 바깥쪽에서 온다고 보는 것은 잘못이다. 뇌의 안쪽 영역도 인간이 무언가를 경험하고 독특한 특성을 발휘하는 데 관여한다. 위험 감수, 두려움, 낙관과 비관 성향의 수준, 성적 충동과 같은 특성은 개인마다 서로 다른 개성이다. 이러한 행동 특성은 피질 아래를 채우는 변연계邊緣系, limbic system가 조절한다.[4] 이 오래된 두 뇌 영역이 지닌 영향력은 매우 강하기 때문에 우리는 공포의 파도에 휩쓸리지 않도록 항상 경계해야 한다. 인간의 지성이 모든 면에서 잘 작동하고 있어도 비행기를 타는 것이나 피에로에게서 느끼는 공포심이 우리를 미치게 할 수 있다. 변연계로 인해 행동 절제가 되지 않거나 충동적인 행동에 중독되면 인간은 파멸할 수 있으며, 우리 내면의 악마는 마법을 부리며 우울한 구름을 몰고 다가와 화창한 날을 망칠 것이다.

《실낙원》에서 사탄은 이렇게 말한다. "마음은 제자리에 있지만, 그 자체가 지옥의 천국이 될 수도, 천국의 지옥이 될 수도 있다."(제1편, 254~255)

중뇌에서 변연계를 제외한 다른 부위는 마음속에 우리 자신과 주변 환경의 모델을 구성한다. 우리가 숲속 오솔길을 걸을 때 뇌는 나무의 시각 이미지, 지저귀는 새소리, 봄꽃의 향기로 구성된 가상의 숲을 떠올린다. 실제 숲도 나무, 새, 꽃으로 구성된다. 우리가 머릿속에 만든 가상의 숲은 감각기관에서 출발한 전기적 자극이 뇌에 도착해 정보를 전달하면서 만들어진다. 다른 동물의 뇌에서도 같은 일이 벌어진다. 나방도 감각기관과 뇌 중심부로 가상의 숲을 그려내는데, 이는 인간이 특별하다는 관념에 중대한 질문을 던진다. 수백 년 동안 철학자들은 도구를 만들어 사용하거나 자기를 인식하고 남을 속이거나 모방하는 행동처럼 인간의 독보적인 정신활동을 또렷하게 보여주는 다양한 재능에 관해 치열하게 탐구해왔다. 하지만 인간을 제외한 대형 유인원, 원숭이, 돌고래, 까마귀가 성취한 것보다 인간은 겨우 한발 앞설 뿐이다. 연구를 통해 어린 침팬지들이 웃음처럼 들리는 꽥 하는 비명으로 자신을 표현한다는 것을 알기 전까지 웃음은 인간의 전유물로 여겨졌다. 하지만 돌고래도 비슷한 행동을 하고, 장난꾸러기 쥐 역시 인간이 간지럽히면 높은 주파수의 소리를

낸다는 것이 밝혀졌다.[5]

문장으로 말하고 쓰고 생각하는 언어가 지성을 겨루는 경연에서 인간이 최고 자리를 지키게 했고, 발달한 언어 소통 능력이 우리가 침팬지와 고릴라를 크게 앞지르게 했다는 사실에는 의심의 여지가 없다. 고래는 풍부한 발성이 가능하도록 진화했지만 우리는 아직 고래의 언어를 번역할 수 없다. 혹등고래와 향유고래의 대화를 해석할 수 있을 때까지 우리는 깊고 폭넓은 생각을 공유하게 해주는 복잡한 인간의 언어를 매우 자랑스러워할 것이다. 언어는 인간에게만 있는 것처럼 보이는 여러 특성의 토대가 된다. 가상의 숲 이야기로 돌아가면, 우리는 냉장고만큼 거대한 다이아몬드가 오솔길에 놓여 있다고 상상할 수 있다. 그런데 저기 진짜 다이아몬드가 있다! 불가능해 보였던 보석의 등장을 그저 우연히 일어난 일로 여길 수도 있지만, 실제로는 내적 대화에서 시작된다. 고래가 멋지고 창의력 넘치는 삶을 살거나 보노보가 잘 익은 과일로 넘치는 산을 꿈꾸는 게 가능한 듯 보일 수 있지만, 존재하지 않는 대상을 창조하는 능력은 인간을 제외한 자연계에는 드문 것 같다. 꿈속에서 고양이는 야옹거리며 새를 뒤쫓지만, 언어가 없기에 새 떼를 그럴듯하게 상상할 수 없다. 언어 기반의 상상력은 우리가 그림을 그리고 문신을 하거나 바위에 상형문자를 새기는 것부터 음악, 춤, 윌리엄 터너William Turner의 바다 그림과 존 밀턴의 시에 이르기까지 인간이 지닌 예술적 충동의 원천이다.[6] 우리는 언어를 기반으로 건축, 기술, 과학을 발전시켰다. 언어가 없다면 종교나 그보다 더 복잡한 사회적 의식은 상상할 수 없다.

르네 데카르트René Descartes는 말하는 능력을 인간의 위대한 특성으로 보고, 말하지 못하는 다른 동물은 인간의 방식으로 생각할 수 없다고 확신했다. 그리고 인간은 자기 자신을 인식한다는 아이디어에서 출발해, 사유하는 정신·영혼을 신체에서 분리한 이원론으로 발전시켰다. 영혼은 오직 인간에게서만 발견된다고 규정하는 데카르트의 이원론Cartesian dualism은 인간 존재의 특수성을 말하는 기독교적 확신을 강조했다.[7] 수백 년 동안 이원론은 인간을 제외한 자연에 깃든 가치를 평가절하하며 인간의 자기만족을 위한 철학적 토대로 작용했다. 1648년 데카르트를 만난 토머스 홉스는 이원론을 이치에 맞지 않는다고 생각했으나, 이후 철학자 가운데 특히 볼테르Voltaire는 동물을 생각하지 않는 기계로 간주했다. 하지만 이제 곤충에게서도 정신이 발견되었으니 게임은 제대로 끝났다.[8]

머리에 빽빽한 털이 난 집파리housefly의 양귀비 씨앗만 한 뇌는 한 달간의 일생 동안 자신만의 방식으로 생각한다. 집파리의 작은 뇌를 구성하는 뉴런 10만 개는 겹눈 뒤편에 연결된 한 쌍의 거대한 시신경엽이 지배하는 독특한 부위에 배치되어 있다. 곤충 뇌의 중심부에서는 수많은 일이 일어나는데, 이 영역의 중심 복합체는 버섯체mushroom body라고 부르는 길쭉한 구조 한 쌍과 연결되어 있다. 버섯체는 곤충뿐만 아니라 거미, 노래기, 갯지렁이에게서도 발견된다. 버섯체를 발견한 19세기 프랑스의 한 생물학자는 몇몇 곤충의 본능적인 행동이 버섯체로 조절된다고 생각했다.[9] 곤충의 머리를 자르고 운동 능력을 평가하는 실험에서, 잘린 머리의 버섯체 크기가 큰 곤충보다 작은 곤충의 운동 조절 능력이 더 뛰어나다는 결과가 나오며 그의 생각을 뒷받침했다. 더 정교한 실험에서는 버섯체 주변의 뇌엽과 버섯체가 냄새에 대한 반응을 지시한다는 사실이 밝혀졌다. 버섯체는 곤충이 냄새를 인식하고 따라가거나 피하는 행동을 학습하고 기억하는 데 큰 역할을 한다. 이러한 측면에서 버섯체는 인간 뇌의 피질은 물론 눈과 귀로 얻은 정보를 다루는 중뇌개中腦蓋, tectum와도 견줄 수 있다.

집파리가 나는 속도는 시속 6킬로미터로 그다지 빠르지 않지만, 초당 300회씩 날갯짓을 하며 최대 24킬로미터까지 이동할 수 있고 비행 도중 몸을 180도 회전해 천장에 거꾸로 착륙할 수 있다. 파리의 곡예비행은 100만 배 더 큰 뇌를 지닌 채 둘둘 만 신문지를 휘두르며 화내는 인간을 능가한다. 파리는 4,000개의 육각형 수정체를 장착한 겹눈으로 포식자를 따라가고 더듬이로 기압 변화를 감지하여 신문지가 벽을 내리치기 100분의 1초 전에 자리를 뜬다. 인간보다 더 빠르게 정보를 수집하는 덕분에, 파리는 다가오는 신문지에 대한 정보를 얻은 다음 그 신문지가 자신을 향한다고 확신한 후에도 도망갈 수 있을 정도로 시간을 확보한다. 곤충의 시간이 더 느리게 지나가는 것처럼 보일지 모른다.[10] 성체로 자란 암컷 하루살이는 매우 짧은 생을 사는데, 그 짧은 시간 동안 짝을 찾아 짝짓기 하고 5분 만에 알을 낳는다. 암컷 하루살이는 날개를 씻고 오후의 따스한 햇볕을 호사스럽게 누리며 15초간의 여름휴가를 즐긴다. 한마디로 '카르페 디엠carpe diem'의 압축이다.

파이프 오르간 미장이벌Organ pipe mud dauber wasps은 오하이오주 오후의 여름 햇살을 받아 사파이어 같은 몸체와 날개를 반짝이는 아름다운 곤충이다. 이 벌들은 몇 주 동안 정원에서 개별 영역을 순찰하고 같은 곳을 반복해 돌면서, 자신이 돌보는 애벌레에게는 살아 있는 식품 저장소와 같은 거미를 붙잡아 마비시킨다. 이처럼 곤충은 풍부한 주관적 경험을 사냥 과정에 녹여내며 곤충을 생각하지 않는 기계로 보았던 오래된 고정관념에 도전한다. 벌은 독으로 거미의 근육 조절 능력을 상실시킨다. 온몸에 독이 퍼진 거미에게 의사결정 능력은 남아 있지만, 도망가고 싶은 충동을 행동으로 옮기는 능력은 남아 있지 않다. 사냥꾼의 마음을 상상하고 사냥감의 감정에 공감하는 것은 매력적이다. 아마도 말벌은 거미에게 독을 주입할 때 기뻐할 것이다. 거미는 틀림없이 그런 상황에 괴로워할 것이다. 거미는 움직이고 싶지만 다리가 따라주지 않는다. 우리가 곤충을 인간보다 로봇에 더 가깝거나 예측 가능한 존재로 간주한다 해도, 인간적인 특성으로 생각해온 의식이라는 개념이 넓은 범위에서 곤충에게도 있는 것은 틀림없다.

곤충의 정신에 관한 연구는 뇌를 지닌 다른 동물과 인간 사이에 근본적인 의식 차이가 있다는 믿음을 상대로 도전 의식을 불태워왔다. 자유의지free will는 이따금 특별한 속성으로 간주되지만, 냄새에 대한 곤충의 반응과 와인 한 잔을 더 따를지 병을 코르크 마개로 막을지 결정하는 인간의 행동에는 근본적으로 차이가 없는 것 같다. 독일 철학자 아르투어 쇼펜하우어Arthur Schopenhauer가 말하길, 자유의지는 환상이다. "우리는 원하는 것을 할 수 있으나, 인생에서 주어진 순간에 단 하나의 확실한 일만 '할 수 있고', 그 외에는 아무것도 할 수 없다."[11] 특정한 기회와 도전에 대응하는 우리의 선택은 믿는 것처럼 자유롭지 않다. 정신 활동에 한계가 있는 곤충도 마찬가지다. 송로버섯 향기에 대한 반응 연구로, 곤충도 계획에 따라 행동한다는 사실이 확인되었다.[12] 뇌의 회로를 구성하는 뇌세포 세 개의 작동으로 곤충은 냄새를 감지하고 어떻게 반응할지 결정한다. 곤충은 이따금 이동 도중 방향을 바꾸거나 냄새가 나는 곳을 향해 가지만, 장애물이 나타난 경우에도 경로를 바꾸지 않고 그대로 나아가기도 한다. 연구원들은 곤충의 뇌세포 세 개를 조작해 냄새 반응을 조절하거나 그들의 선택에 혼선을 일으킬 수 있었다.

곤충의 행동을 관찰하면, 냄새와 여러 자극을 향한 그들의 반응이 확률 기반이라는 사실을 깨닫는다. 이는 곤충의 특정 반응이 통계와 관련되어 있음을 의미한다. 곤충의 반응은 장애물에 부딪힐 때마다 돌아가도록 프로그래밍이 된 로봇 청소기보다 우월하다. 확률 기반의 소프트웨어를 탑재한 로봇은 로봇 청소기보다 똑똑하고, 곤충처럼 단순한 동물과 비슷한 수준이다. 일단 의식과 자유의지의 본질에 관한 고정관념에서 벗어나면, 모든 생명체와 그를 구성하는 개별 세포는 행동할 때마다 어떠한 형태로든 의사 결정을 한다는 사실이 명백해진다.[13]

썩은 나무에서 자라는 점액 곰팡이slime mould는 특정 방향으로 나아가면 양분을 얻으리라는 것을 학습한다. 두뇌가 없고 신경 세포도 없는 점액 곰팡이가 파블로프의 개나 커피 향기를 맡는 사람처럼 반응하는 것이다. 바다에 서식하는 단세포

조류algae는 포식자와 먹잇감이 드리운 그림자를 감지하는 수정체와 망막이 장착된 눈을 지닌다. 이 놀라운 미생물은 다세포 생명체와 마찬가지로 시각 이미지를 수집해 위협에서 벗어나고 먹이를 향해 헤엄친다. 비신경성 감각의 마지막 사례인 균류 군집은 토양 1킬로그램당 1,300억 개의 균사를 형성해 화학물질로 소통하며 음식물 찌꺼기를 찾고, 식물 뿌리에 결합한다. 곰팡이는 군집의 한 부분에서 먹이를 찾았다는 신호가 오면 그 방향으로 성장하고, 자신에게 협력 의지를 보이는 식물에 양분을 전달한다.[14] 모든 생물은 느끼고, 생각하고, 소통한다.

인간과 다른 동물의 뇌는 모두 같은 원리로 작동하지만, 인간 뇌는 체격에 비해 매우 큰 편이다. 고양이 뇌는 크기가 호두 알만 하고 몸무게의 1퍼센트 미만을 차지한다. 인간 뇌는 멜론만 하고 몸무게의 약 2퍼센트를 차지하며 섭취한 칼로리의 5분의 1을 가져간다. 몸집이 큰 포유류는 작은 포유류에 비해 뇌도 더 큰 편인데, 비례식으로 따지면 과거 인간의 뇌는 오렌지만 했을 것이다. 이런 작은 뇌는 인간이 임무를 수행하기에 충분하지 않았겠지만, 남아프리카에서 살았던 우리의 친척, 호모 날레디Homo naledi에게는 유용했다.[15]

인류의 가까운 친척들이 남긴 화석으로 두개골 크기를 측정한 결과, 오스트랄로피테쿠스는 0.5리터, 호모 에렉투스는

1리터, 네안데르탈인은 1.5리터로 다양했다. 오스트랄로피테쿠스류의 여러 종은 350만 년 전 동아프리카 전역으로 퍼졌다. 오스트랄로피테쿠스에서 진화한 호모 에렉투스는 계속해서 동쪽으로 이주해 중국에 도착했다. 일부 고생물학자들이 호모 사피엔스의 변종으로 생각하는 네안데르탈인은 25만 년 전에 진화해 유럽에 모여 살다가 4만 년 전에 멸종되었다. 네안데르탈인은 우리보다 힘이 세고 시력이 좋았으며 음식을 많이 섭취해 뇌가 약간 더 컸다. 공유 유전자는 우리가 이처럼 강인한 친척들과 교미했음을 암시한다.[16] 인간의 우월성에 관한 잘못된 주장은 두 발로 걷는 유인원의 뇌가 순식간에 놀랄 만큼 커졌다는 가설로 회귀한다.

뇌의 크기를 증가시킨 유전자가 왜 인류의 역사에서 보상받았는지는 아직 확실하지 않지만 여러 설득력 있는 학설이 있다. 자연선택은 비효율적인 유전자를 유용성 기준으로 분류한 뒤, 그중에서 쓸 만한 유전자만 생명체에 남기고 나머지는 버린다. 인류의 선조가 큰 뇌로 더 많은 자손을 남길 수 있었던 것은 자연선택의 결과다. 하지만 가장 설득력 있게 들리는 학설은 인류에 대해 좋게 말해주지 않는데, 그와 관련해 토머스 홉스는 유명한 라틴어 격언 "만인의 만인에 대한 투쟁bellum omnium contra omnes", 즉 "시민사회가 없는 상태의 인간(이를 두고 우리는 자연 상태라고 부른다)에게는 만인에게 대항하는 투쟁 이외에 아무것도 없다"라는 말로 자기 생각을 밝혔다.[17] 큰 뇌는 포식자를 피하고 먹잇감을 사냥할 수 있게 해주는 자산이었고, 우리는 큰 뇌를 이용해 다른 유인원과 싸워 승리할 수 있었다. 우리의 지능은 무기로 발전했다.[18]

선사시대에 다수의 유인원을 상대한 투쟁에서 우리는 분명 승리했다. 초원에서 우리와 마주친 불운한 그들에게 몽둥이를 휘두르고 창끝을 겨누며 살육을 저질렀고, 환경 조건의 변화로 그들은 멸종했다. 수천 년에 걸쳐 등장했던 유인원은 대부분 사라졌고, 우리는 사람속homo genus의 마지막 생존자가 되었다. 우리는 유럽의 네안데르탈인과 호빗처럼 뇌가 작은 인도네시아의 호모 플로레시엔시스Homo floresiensis를 몰살했다.[19] 멸종은 인간이 등장할 때마다 광범위하게 나타나는 패턴이다. 경쟁자를 상대로 휘두르는 폭력은 생존의 문제이지만, 인간은 단지 즐기기 위해 살인을 했다는 오래된 증거가 있다. 같은 종 사이에서의 폭력, 즉 종족 전쟁은 우리가 완벽하게 익힌 기술적 행위였고, 인구 급증으로 물과 식량이 부족해지자 크고 작은 집단이 종족 전쟁을 겪으며 아프리카를 떠났을 것이다.

경쟁 이론은 여성이 더 큰 뇌를 지닌 남성을 선택하면서 성선택이 이루어졌다고 말한다. 여기에서 큰 뇌는 예술 재능, 말솜씨, 춤, 그 외에 여성이 남성을 보고 매력적이라고 느끼는 여러 특징과 관련이 있다는 아이디어로 연결된다. 짧은 기간 동안 공작새와 사슴에게 꼬리와 뿔이 생기도록 작용했던 성선택은 인간의 두뇌도 순식간에 커지게 했다. 일부 생물학자는 인간이 협동 사냥을 하거나 도구 제조, 요리처럼 전문적인 역할을 수행하면서 사회적 상호작용이 강해진 결과, 뇌도 커졌을 것으로 생각한다. 위대한 군 전략가의 두뇌가 다른 분야에서도 뛰어난 것을 보면, 인간의 탁월한 지적 능력은 여러 요소의 조합이 만든다는 설명이 가장 그럴듯하다. 율리우스 카이사르Julius Caesar와 율리시스 S. 그랜트Ulysses S. Grant는 펜과 검의 대가였고, 잔 다르크Jeanne d'Arc는 천사처럼 춤을 췄으며, 나폴레옹Napoléon은 체스를 두었다.[20]

우주에서 가장 강력한 지능(적어도 우리와 가까운 은하계에서)을 지닌 동물인 우리는 밤하늘을 바라볼 때마다 별과 별 사이의 무한한 시간에 압도된다. 다른 어떠한 생물도 이러한 생각에 빠지지 못한다. 따라서 곤충이 아닌 인간인 것은 다행스럽지만, 우리에게 번민을 안겨주는 큰 뇌는 의식이란 오래가지 못하고 이 모든 순간은 빗속의 눈물처럼 시간이 지나면 사라질 것이라고 말한다. 변연계는 나처럼 죽음 공포증이 있는 사람들에게 끔찍한 자연의 규칙을 일깨운다. 그러한 공포에 맞서, 다음 장에서는 삶의 소멸과 그 과정에 대해 다룰 것이다. 혹시 밝은 희망을 발견할 수 있을까?

7장

무덤

우리는 어떻게 죽을까?

"하나씩 불이 꺼지고, 완전한 어둠만 남았다." 크리스토퍼 이셔우드Christopher Isherwood는 소설 《싱글맨A Single Man》에서 죽음을 이렇게 표현했다.[1] 우리 모두 죽음이 다가오리라 예상하지만 죽음의 이유를 이해하기는 어렵다. 성경에서는 죽음이란 순종 대신 지식을 택한 이브에게 신이 벌을 준 것이라고 말한다. 에덴 신화에 관해 무엇을 믿든, 삶을 즐기고 있을 때 죽음을 맞이하는 우리의 운명은 가혹한 형벌처럼 느껴진다. 죽음의 유익한 점은 다음 세대를 위해 세상을 깨끗이 청소한다는 것뿐이다. 예를 들자면, 조부모는 손주들을 위해 자리에서 물러날 필요가 있다.[2] 여기서 간과한 점은, 인구 증가를 막기에는 노인보다 어린이의 장례식이 더 효과가 있다는 것이다. 이 사실은 우리를 난처하게 한다. 만약 노인의 죽음이 공간을 비우는 데 꼭 필요한 것은 아니라면, 우리는 왜 점점 쇠약해지고, 사랑하는 친구의 죽음을 목격하며, 죽음을 향해 질주하거나 그 주위를 맴도는 것일까? 만약 우리가 너그러운 마음으로 죽음을 받아들이지 않겠다고 한다면 죽음을 피할 수 있을까? 크리스토퍼 말로Christopher Marlowe의 희곡《포스터스 박사의 비극The Tragical History of Dr Faustus》속 주인공은 가능하리라 생각했지만, 악마들이 등장하는 마지막 장면에서 완전히 단념하고 이렇게 말한다. "아, 메피스토펠레스!" 그리고 다른 사람과 마찬가지로 세상을 떠난다.[3]

우리가 나이를 먹고 죽는 이유에 관한 가설은 대부분 모호했으나, 20세기 중반 생물학자들이 노화를 유전자 관점에서 받아들이고 나서 수수께끼가 풀렸다.[4] 답은 다음과 같다. 동물은 유전자의 그릇일 뿐이다. 생존에 효과적인 유전자는 개별 동물이 생존할 가능성을 높여주기 때문에 다음 세대로 그 유전자가 전달될 가능성도 상승한다. 진화는 나이 든 육체에 발생한 결함을 알아차리지 못한다. 노화를 막는 행위에 생물학적 가치는 없기 때문에 죽음이 찾아온다.[5] 고환이 내려가고 난소가 터지기 시작할 때까지 신체 메커니즘은 생존을 위해 구축되고, 우리는 새롭게 태어난 사람들에게 우리의 유전자를 떠맡긴다.[6] 번식에는 젊은이가 확실히 유리하므로 나이든 사람에게 토끼처럼 계속 짝짓기를 할 필요성은 없다. 그러나 죽는다고 해서 진화적으로 이익이 생기는 것은 아닌 만큼, 우리를 죽게 하는 유전자는 없는 듯하다.[7]

주름이나 탄력 저하와 같은 다양한 노화의 흔적은 세포 분자의 변화에서 온다. 나이를 먹으면 단백질 분자가 불안정하게 생성되고, 문제가 있는 분자를 제거하는 품질 관리 절차에 오류가 생긴다. 그로 인해 세포가 분열할 때마다 유전자를 보호하는 염색체 말단 부위는 점점 짧아진다. 염색체 말단이 짧아지면 면역 기능이 떨어지고, 노화로 인한 질병이 생긴다. 문제 단백질과 짧아진 염색체에 지친 세포는 죽어가는 별처럼 부풀고, 노화한 핵과 미토콘드리아가 방출하는 화학물질에 더욱더 손상을 입는다.[8]

노화를 피할 방법은 없다. 진화는 수정란을 성체로 키우고 그 성체가 품은 난자를 수정시켜 다음 세대를 이어갈 유전자를 설계하는 것에만 전념하기 때문이다. 노인 세포에 결함이 있는 분자가 축적되는 현상은 우주에 무질서, 다른 말로 엔트로피가 증가하는 현상을 보여주는 사례다.[9] 엔트로피 법칙은 열역학 제2 법칙으로 표현된다.

$$\Delta S = \delta Q / T$$

여기에서 ΔS는 엔트로피의 변화, δQ는 열전달, T는 온도다. 이 수식은 우리의 온기가 주변으로 전달되어(δQ) 머지않아 주변 온도(T)와 우리를 구분할 수 없게 되리라는 걸 암시한다. 구식 온도계를 움켜쥐면 수은주가 올라간다. 온도계를 탁자에 두면 수은주는 다시 내려간다. 에밀리 디킨슨Emily Dickinson은 "추측건대, 나는 살아 있다"라는 글을 남겼다.[10] 작가 크리스토퍼 히친스Christopher Hitchens는 사망하기 몇 달 전에 "물에 빠진 설탕 덩어리처럼 힘없이 흩어진다"라는 글로 그가 지닌 엔트로피 감각을 묘사했다.[11]

무덤 아래에 누운 우리 몸은 차가운 우주에 던져진 정렬된 분자의 섬이다. 유전자 발현에 오류가 축적되고 세포가 바이러스에 끊임없이 공격당하며 그 주변이 독성 물질로 넘쳐나면 엔트로피도 증가한다.[12] 그렇기에 인간의 최대 수명은 122년이라는 추정치를 수개월 이상 넘기기 어렵고, 3만 3,000일이 넘도록 인생을 즐길 사람은 거의 없을 것이다. 우리는 두 달 만에 자신의 임무를 모두 마치는 호주의 물고기(스타우트 인펀트 피시Stout Infant fish를 말함 – 옮긴이)를 비롯한 대부분의 척추동물보다 오래 살지만, 300번째 생일을 맞이하는 그린란드 상어Greenland shark에는 못 미친다.[13] 무척추동물과 비교하면 우리는 불과 3일간 꿈틀거리다 죽는 선충을 보고 우쭐할 수 있겠지만, 축축한 껍데기 속에서 500년 넘게 버티는 아이슬란

드의 조개를 보고 풀이 죽을 것이다.[14]

그린란드 상어와 아이슬란드의 조개를 보고 희망을 얻은 사람들은 호르몬 대체 요법, 비타민, 효소, 항바이러스제, 생선 기름, 식물 추출물, 말린 버섯을 적극적으로 활용하며 생명 연장을 꿈꾼다. 중국 전통 의학서에는 멸종 위기 종을 희생시켜 영생을 얻는 기적의 명약이 가득하지만, 코뿔소 뿔 분말이나 천산갑穿山甲, pangolin 비늘을 먹어도 인간이 무덤에 묻히는 것은 막을 수 없다. 영생을 얻겠다는 허영심으로 장기가 제거된 시체를 아마포로 감싸고 피라미드에 보관했던 것처럼, 캘리포니아에서는 머리를 급속 냉동 보존한다. 하지만 머리 냉동 보존에 가장 열광적으로 추종하는 사람들조차도 보존 결과에는 회의적인 듯하다. 그들 중에서 죽기 전에 자신의 머리를 액화 질소에 담그려고 하는 사람은 아무도 없기 때문이다.

죽음 후의 여파보다는 죽어가는 과정을 두려워하는 편이 차라리 합리적이다. 그러나 고통스러운 죽음을 피하길 바라던 사람들도 더는 죽음이 고통스럽게 느껴지지 않으면 미래의 즐거움을 놓친다는 생각에 슬퍼한다. 로마 시인이자 쾌락주의 철학자 루크레티우스Lucretius는 우리가 태어나기 전에 이미 기나긴 시간을 보냈다는 것을 일깨우면서, 태어나기 전의 시간과 죽은 후의 시간에는 대칭성이 있다는 희망을 제시한다.[15] 그런 것도 괜찮긴 하지만, 현대의 파라오는 고대 왕실의 열정을 이어받아 환생하려 애쓰고, 컴퓨터에 업로드한 두뇌가 실리콘 안에서 영원히 지속될 것이라고 믿는다. 〈뇌 전체 기능을 하는 소프트웨어 모형 만들기Whole Brain Emulation〉라는 제목의 보고서에 따르면, 뇌 하나는 1페타바이트petabyte(1,000조 바이트) 컴퓨터에 맞먹는다.[16] 휴렛팩커드 제품 가운데 저장 용량이 가장 큰 컴퓨터가 160테라바이트terabyte(뇌의 6분의 1)라는 점을 고려하면, 뇌에 저장된 내용을 컴퓨터에 작성할 때 문제가 된다. 따라서 인간의 뇌는 너무 영리해서 복제될 수 없을 것 같지만, 회의 자리에서 친숙한 사람의 이름을 잊어버렸던 경험을 생각하면 우리는 두뇌 능력을 지나치게 과대평가하는 것 같다. 이러한 경험의 원인은 뇌의 저장 능력과 처리 속도에 차이가 있기 때문이다. 기가헤르츠giga-hertz 단위인 컴퓨터 칩의 데이터 처리 속도보다 신경 자극은 매우 느리게 전달되기 때문에 회의가 진행되고 나서야 그 사람이 누군지 떠오르는 것이다.

뇌를 복제하는 과정에서 부딪히는 기술적 장벽은 너무나 높기 때문에 정보가 뇌세포에 저장되는 방법을 이해하기 전까지 캘리포니아의 유명 인사는 고사하고 초파리조차 복제할 수 없을 것이다. 만약 우리가 모든 문제를 해결하고 나서 두뇌를 복제한다 해도, 복제된 도플갱어의 경험은 원본의 과거와 완전히 다를 것이다. 복제품은 천사나 괴물로 변할 수 있다. 생각해보자. 일란성 쌍둥이의 죽은 형제는 살아 있는 형제나 자매를 통해 생명이 연장되는가? 시적 의미로는 그럴지 모르지만, 죽은 자의 입장에서는 그렇지 않다. 루크레티우스의 시대에서 2,000년이 지난 지금, 불멸에 대한 환상은 호모 나르키소스가 품은 또 다른 자기 방종의 특성으로 계승되고 있다.

생명의 나무 어딘가에서 영생의 싹이 자란다. 미생물은 오래전에 불멸의 삶을 터득했다. 당류가 풍족한 환경에 놓이면 효모yeast는 염색체를 복제해서 자신의 몸 표면에 돋아난 싹에 그 염색체를 밀어 넣는다. 한 개의 효모 세포, 즉 모세포는 유전자 발현과 단백질 재활용에 문제가 생기기 전까지 딸세포를 일주일간 20개 생성한다. 한편 딸세포도 계속해서 자신의 딸세포를 출아한다. 여기서 모세포는 노화로 인해 발생한 모든 결함을 제외하고 딸세포를 출아하는 놀라운 회춘 과정을 거친다.[17] 회춘을 통해 효모는 일종의 불멸을 얻는다. 개별 세포는 죽지만 유전체는 딸세포에 살아남는다. 포유류는 할 수 없는 방식이다. 우리가 할 수 있는 최선은 유전자 절반을 아기에게, 4분의 1은 손자에게 물려주면서 몇 세대 후에는 우리가 지녔던 DNA 배열을 알아볼 수 없을 정도로 뒤섞는 것이다.

영생으로 관심을 끄는 동물 가운데 가장 복잡한 동물은 해파리jellyfish다. 해파리는 생활사 단계에 따라 다양한 모습으로 존재하는데, 작은 유생幼生이 해저의 기질基質에 달라붙어 군집을 이루었다가 군집에서 떨어져 나와 바닷속을 헤엄치며 성장해 너울거리는 촉수를 지닌 종 모양 성체가 된다. 종 모양의 해파리 몸통에서 난자와 정자 세포가 생성되고, 수정된 난자는 유생으로 자란다. 그런데 해파리 중 일부는 몸통을 움츠리고 촉수를 몸통 속으로 밀어 넣은 뒤 유생 군집에 재합류하는 놀라운 능력을 지닌다.[18] 이는 나비가 유충으로 되돌아가거나 실버타운에서 거주하던 노인이 어린이가 되는 것과 비슷하다. 해파리의 회춘 능력은 바닷속 항아리에서 사육되던 개체에서 발견되었으며, 자연 상태에서는 얼마나 자주 발생하는지 알려지지 않았다. 대부분 노화로 죽거나 바다에서 포식자에게 잡아먹히는 해파리에게 가장 효과적인 번식 수단은 여전히 교미다.

손상된 세포와 기능이 저하된 장기를 재생하는 데 관심이 있는 재생의학자들은 해파리의 생활사에서 확인한 회춘 현상에 큰 기대를 건다. 발달 가소성developmental plasticity(환경과 조건의 영향으로 세포가 변화하는 현상 - 옮긴이)은 병든 신체 부위를 새로운 조직으로 대체할 수 있으리라는 희망을 품게 한다. 인간 줄기세포를 이용한 실험적 치료는 재생의학 분야에서 가장 빛나는 성과를 이뤘다. 줄기세포란 장차 특정 임무를 수행할 가능성은 지녔으나, 어떤 직분을 가질지는 정해지지 않은 세포다. 인간의 몸속에 있는 200종의 세포는 모두 수정란이 분열되어 탄생한다. 배반포기 세포에는 어떠한 세포나 조직으로도 분화할 수 있는 가능성이 있다. 의학적 관점에서 배아 세포가 지닌 가치는 무한한 가능성에서 나오지만, 배아 세포를 활용한 질병 치료는 무엇보다도 중요한 윤리적 문제를 일으킨다. 골수 줄기세포도 하나의 대안이지만 또 다른 혈액 세포로만 발달한다는 한계가 존재한다. 탯줄이나 태반에서 빠져나온 혈액은 혈액 질환을 치료하는 데 사용할 수 있는 줄기세포로 윤리 논쟁에서 자유롭다. 줄기세포는 여러 치명적 질병을 치료할 큰 가능성을 보여주지만, 앞에서 언급한 머리 급속 냉동 보존과 마찬가지로 열역학 제2 법칙에 근거하는 인간 최대 수명을 넘어서는 데 성공을 가져다줄 것 같지는 않다. 셰익스피어는 희곡 《심벨린Cymbeline》에서 다음과 같은 장송곡을 썼다. "황금 소년 소녀 모두 굴뚝 청소부처럼 반드시 먼지로 돌아가야 하느니라."(4막 2장)[19]

우리는 어떠한 이유로 죽을까? 사망 원인 1위는 30억 회의 심장박동 끝에 발생한 심정지이고, 여기에 근소한 차이로 암세포가 일으킨 장기 손상이 2위를 차지한다. 3위는 만성 폐쇄성 폐질환으로 인한 호흡 중단이다. 선진국 시민 가운데 절반이 앞서 언급한 세 가지 원인으로 사망한다. 통계에 의하면 나머지 시민 10명 중 한 명은 사고와 뇌졸중으로, 그 외에는 알로이스 알츠하이머Alois Alzheimer 박사(51세에 심정지로 사망)와 제임스 파킨슨James Parkinson(69세에 뇌졸중으로 사망)의 이름을 딴 질병, 그리고 간·신장의 여러 질환으로 사망한다.

의사가 과학 발전의 혜택을 누리기 전, 감염성 질환은 확실한 사형선고였다. 공중위생이 개선되며 산부인과 의사들이 손을 씻기 시작했고, 백신과 항생제가 발명된 이후 인간은 세포가 멈추지 않고 분열하며 만든 종양이 몸을 채우거나 심장근육이 약해질 때까지 장수하기 시작했다. 의약품이 비싸고 깨끗한 물이 부족한 지역에서는 미생물이 에이즈, 폐렴, 설사, 말라리아를 일으켜 가난한 사람들을 죽음에 이르게 한다. 내전과 국제분쟁의 중심지에서 폭발물은 사람들을 죽게 하는 추가적 위협 요소다. 어떻게 해서든 운명의 여신 포르투나Fortuna는 운명의 바퀴를 돌리고, 우리는 사라져간다. 인간의 1퍼센트 이상이 투신하거나 목을 매고, 독극물이나 권총으로 목숨을 끊는다. 자살률 1위 국가는 그린란드로, 이 추운 섬에서 사는 국민 가운데 4분의 1이 어두운 삶을 살아가던 어느 날 자살을 기도한다.[20]

자살을 기도한 사람들 가운데 일부는 마지막 숨을 내쉬고 나서도 유전자상으로는 죽지 않은 채 몇 시간 더 살아 있다. 에스파냐에서 발표한 연구 결과에 따르면, 사망한 지 얼마 안 된 시체에서 염증을 조절하는 보호 유전자와 심장근육 형성을 암호화한 유전자가 활성 상태를 유지하는 것으로 밝혀졌다.[21] 이는 신체가 심장을 다시 뛰게 만들어 낮아진 산소 농도에 대응하려는 현상으로 해석된다. 발달 과정에서 배아에 심장을 만들었던 유전자가 죽은 뒤에도 발현하는 것이다. 자궁의 양수 밖으로 빠져나오면서 활성을 잃었던 유전자가 심정지 후에 다시 활성화되는 현상에서, 신체가 생명 연장을 위해 깊숙한 곳에 놓인 도구에 손을 뻗는 모습을 확인한다. 죽음의 한복판에 놓여서도 우리는 살아 있는 듯하다. "우리 안에는 젊은 시절의 활력이 남아 있다."[22]

정지한 심장에 일시적 조치가 취해지는 가운데 내장에서는 폭동이 일어난다. 산소를 필요로 하는 장내세균은 숨을 헐떡이고, 몸 전체에 퍼져 있는 미생물은 영양 공급에 무슨 일이 일어난 것인지 궁금해한다. 질식한 세포들이 내장 벽에서 새어 나오기 시작하면 산소를 먹지 않는 세균들이 그 세포들을 마구 먹어치운다. 면역계가 작동을 멈추면 미생물은 감시에서 해방되어 바리케이드를 뚫고 나와 시체 안팎을 먹는다.[23] 미생물 다음으로 곤충과 벌레가 등장해 부드러운 조직을 뜯어 먹는다. 수염 난 설치류가 단단한 부위를 갉아 먹고, 새가 내려와 시체를 쪼아 먹는다. 동물 이빨과 새 부리에

쪼여 드러난 뼈는 축축한 땅속으로 천천히 분해되기 시작해 거름이 된다.

우주에 잠시 머무는 우리로서는 죽은 후 영혼이 영속할 가능성보다 무덤 속에서 썩어갈 몇 달을 고민하는 편이 덜 후회스러울지도 모른다. 이러한 관점에는 우리가 지닌 이기심을 억눌러 인간은 단일 생명체가 아닌 생태계의 일원으로 살고 있다는 진실을 일깨우려는 어려운 숙제가 포함되어 있다. 언젠가는 죽을 운명인 포유류, 당신과 나의 몸속에서는 박테리아와 인간 세포가 위험천만한 공존을 이룬다. 이 둘은 음식과 화학 신호를 공유하고, 장gut 속에서 발생하는 크고 작은 사건을 지휘하는 면역 체계에 의존한다. 미생물과 인간 세포가 주고받는 화학적 대화는 식욕과 기분에 영향을 준다. 우리의 공동체적 본성은 육체로는 인식되지 않지만, '나'라고 느껴지는 것은 '우리'다. 말하자면 "우리는 생각한다, 고로 나는 존재한다Cogitamus ergo sum"(데카르트의 원래 명제 "Cogito ergo sum"을 변용함 - 옮긴이)인 것이다.[24] 이는 불교 신자라면 명확하게 이해할 것이고, 《쿠란》도 이슬람교도에게 같은 말을 한다. "지구를 기어 다니는 모든 생물과 날개로 날아다니는 생물은 여러분과 같은 공동체다."(6:38) 우리가 죽고 나면 생전에 관심을 두거나 사랑하고 사랑받고 있음을 느끼게 해주었던 존재, 그리고 우주의 조각 위에서 우리가 현미경과

망원경을 들여다보면서 운 좋게도 이곳에 살게 된 이유를 이해하도록 도와준 모든 존재가 다시 근원으로 스며든다.

'크리스토퍼' 이셔우드, '크리스토퍼' 말로, '크리스토퍼' 히친스가 죽음에 관해 쓴 글을 살펴보았으니, 네 번째로 유명한 '크리스토퍼'의 따뜻한 마음을 감상하며 이번 장을 마무리하겠다.

> 크리스토퍼 로빈Christopher Robin은 19 곱하기 2가 얼마인가 따위는 전혀 중요하지 않다는 듯이, 이렇게 행복한 오후에는 정말 그렇듯이, 따뜻한 햇살을 받으며 숲에서 다리를 향해 내려오고 있었다. 로빈은 다리 난간 맨 아랫단에 올라서서 몸을 내밀고 그 아래로 천천히 흘러가는 강물을 보다 보면 그곳에서 알아야 할 모든 것을 문득 깨우치게 될 테니, 그렇게 알게 된 것 가운데 몇 가지는 잘 알지 못할 푸Pooh에게 얘기해줘야겠다고 생각했다.[25]

8장

위대함

우리는 어떻게 문명을 발전시켰을까?

2016년 자살 폭탄 테러범 두 명이 테러 안전지대로 구축된 난민 수용소에서 나이지리아인 58명을 숨지게 한 그날, 국제 물리학 연구진은 블랙홀 한 쌍이 충돌하여 발생한 중력파를 감지했다고 발표했다.[1] 언제라도 과학은 우리가 생물 종으로서 지닌 결점을 적절하게 보완하도록 도울 것이다. 막연하거나 실제 이익은 없는 발견에도 우리는 자연의 본질을 깨닫고 기쁨을 누린다. 호모 나르키소스는 과학 분야에서 큰 발전을 이룩하여 신의 은총을 받는다. "과학이란 지식의 집합을 넘어선 하나의 사고방식이다"라는 칼 세이건Carl Sagan의 말은 모든 사람이 과학의 역할을 알아야 하는 이유를 설명한다.[2]

17세기 근대과학 실험법의 뼈대를 만든 프랜시스 베이컨은 세이건보다 덜 감정적으로 과학의 아름다움을 언급했다. 베이컨은 "마음의 쾌락, 논쟁, 우월성, 이익, 명성, 권력, 혹은 이보다 열등한 것"을 위해서가 아니라, 삶에 이롭고 유용한 것을 얻기 위해 지식을 추구해야 한다고 믿었다.[3] 그 당시 느리게 진보하는 과학계의 현실에 좌절한 베이컨은 "자신의 자연철학이 자신의 논리보다 하찮다고 주장해 자연철학을 쓸모없고 논쟁적인 것으로 만들었던" 아리스토텔레스의 영속적 권위를 비판했다.[4] 아리스토텔레스는 신중한 사고와 교육을 기반으로 한 추론이 우리를 진실로 이끈다고 주장했다. 그러나 경험을 통해서 우리는 아리스토텔레스의 연역법이 매우 효과적이나 만약 잘못된 가정을 하나라도 한다면 잘못된 방향으로 끌려간다는 큰 결점이 있음을 알았다. 인류가 빠르게 발전하기를 바랐던 베이컨은 실험을 통해 여러 사실을 수집한 후 해답을 찾는 귀납법을 지지했다.

우리는 이번 장은 물론 책 전체에 걸쳐 서양 과학을 논의하고 있다. 그런데 서양 과학에 깔린 패권주의를 감추려는 행위는 정당화될 수 없다. 베이컨식 귀납법을 통해 현대 과학이 발전하기까지의 시간을 수메르 농업, 페르시아 천문학, 중국 화학으로 채우는 것은 솔직하지 못하다. 변명의 여지가 없는 수많은 이유로, 남성이 주도하는 과학계에는 여전히 성차별이 만연해 있다. 이러한 상황에서 인류는 지난 400년 동안 몇 가지 위대한 과학적 발견을 했다. 갈릴레오 갈릴레이는 지구의 신분을 위성衛星으로 낮추었고, 아이작 뉴턴은 지구가 태양 주위를 도는 방식과 이유를 규명했다. 로버트 훅Robert Hooke은 거대한 벼룩과 이를 그린 삽화로 전염병에 시달리던 런던을 놀라게 했으며, 찰스 다윈은 자연선택설을 주창하여 빅토리아 시대 사람들을 충격에 몰아넣었다. 20세기에 알베르트 아인슈타인Albert Einstein은 시간과 공간이 동일한 변수라고 주장하며 물리학을 송두리째 바꿔놓았다. 그런데 1950년대에 더 중대한 사건이 일어난다. 바로 DNA 구조의 발견이다.

DNA 구조를 발견한 이야기는 널리 알려져 있다. 왓슨James Watson과 크릭Francis Crick은 마분지와 금속판을 잘라 만든 원소로 모형을 조립해서 DNA 분자를 구성하는 화학물질들이 어떻게 배열되어 있는지 설명했다.[5] 이 유명한 3차원 금속 모형은 왓슨이 마분지 조각을 이리저리 끼워 맞추다가 이중나선二重螺旋 내부에 화학물질이 어떻게 배열되었는지 깨닫고 조립한 것이다. DNA 구조에 관한 중요한 단서는 DNA 가닥에 X선을 쪼여서 얻은 산란 패턴을 감광지에 기록한 로잘린드 프랭클린Rosalind Franklin의 실험에서 나왔다. 프랭클린이 알아낸 정보를 허락 없이 사용한 왓슨은 그녀가 얻은 성과의 중요성을 인정하지 않아 일부 전기 작가biographer들에게 비난을 받았다.[6] 왓슨의 품위 없는 태도를 옹호하려는 것이 아니라 단지 그가 품었던 열망을 해명하자면, 왓슨은 새롭게 떠오른 분자생물학 분야에서 난관을 극복하는 데 혈안이 된 여러 위대한 과학자들과 치열하게 경쟁하던 야심 찬 24세 청년이었다. 누군가는 곧 DNA 구조를 밝히고 노벨상을 타게 될 상황이었다.

DNA 이야기는 최초로 DNA 구조를 밝히는 데 실패한 라이너스 폴링Linus Pauling, 그리고 왓슨보다 10년 먼저 수수께끼의 답에 접근했던 노팅엄대학교의 명망 있는 연구진이 가세하며 더욱더 흥미진진해진다. 폴링은 분자를 이루는 원자 간 화학결합의 권위자였고, 단백질이 기능하는 데 필요한 형태로 접히고 뒤틀리는 방식을 규명했다. 그러나 DNA에 관해서는 근본적인 실수를 연발했다. 그가 저지른 실수가 무엇인지 확인하는 가장 좋은 방법은 DNA의 실제 구조를 떠올려 보는 것이다. DNA는 바깥쪽 레일 두 줄 사이에 가로대 여러 개가 놓인 층계가 나선형으로 꼬인 구조다. DNA는 데옥시리보 핵산deoxyribonucleic acid의 약어다. 레일을 구성하는 당 분자인 데옥시리보스 당은 산소 원자를 포함하는 화학 그룹을 매개로 연결되는데, 산소 원자는 물속에서 양전하를 띤 수소 원자, 다른 말로 양성자(H^+)를 방출한다. 양성자가 방출되면 분자 외부에는 음전하가 남는다. 이는 산acid이 보이는 특성이다. 폴링은 레일 세 줄이 DNA 분자 안쪽에 숨어 있고, 반으로 쪼개진 가로대가 바깥쪽을 향해 박혀 있다고 상상했다. 그의 상상에 따르면 DNA는 화장실 변기 솔처럼 생겼다. 이 상상 속 분자는 산의 특성을 지니지 않고, 음전하가 삼중나선 중심에서 버티지 못하고 서로 밀어내 분자 구조를 무너뜨린다는 문제점이 있다. 하지만 DNA 구조를 밝히고 명성을 얻는 데만 급급했던 폴링은 안과 밖이 뒤집힌 구조만 들여다보며 1953년을 허비했다.[7] 같은 해에 화학결합을 연구한 공로로 그가 노벨상을 받은 점도 눈여겨볼 만하다. 폴링은 자신의 천재성에 도취된 나머지 자신은 어떠한 실수도 저지르지 않는다고 믿었다.

노팅엄대학교의 화학자들은 소리 없이 과학에 기여하고 있었다. 1940년대에 그들은 두 줄의 레일이 지닌 염기쌍이 중심에서 특수한 결합을 이루며 가로대를 형성해 서로 붙들고 있는 구조를 제안했다. 이 모델은 정제된 DNA 혼합물의 산성도를 조절하면 DNA 분자가 조각난다는 실험 결과를 근거로 제시되었다. 산성도의 변화로 분자결합이 깨지는 것은 그 결합이 수소결합이기 때문이다. 그런데 노팅엄 연구진의 막내 마이클 크리스Michael Creeth는 DNA 모델을 나선형이 아닌 직선형 사다리로 그렸다.[8] 그는 놀라울 정도로 진실에 가까이 있었다. 만약 라이너스 폴링이 1948년 노팅엄을 방문했을 당시 크리스와 그의 동료들을 만났다면, 폴링은 잘못된 DNA 모델을 제시하지 않았을 것이다.

왓슨은 노팅엄 연구진이 발표한 실험 결과를 보았지만, 처음에는 그 결과의 의미를 알아차리지 못했다. DNA 연구 성과가 점차 누적되고 노팅엄에서 발표한 논문을 다시 읽은 뒤 그는 자신의 실수를 눈치챘다. 며칠 뒤 왓슨은 크릭과 함께 DNA 분자 모델에서 원자를 다시 배열했다. 1953년 두 사람은 DNA 구조를 발표했고, 1962년 로잘린드 프랭클린의 지도교수였던 모리스 윌킨스Maurice Wilkins와 함께 노벨상을 받았다. 노벨상은 과학자 세 명까지 공동 수상이 가능한데, 만약 프랭클린이 1958년 난소암으로 죽지 않았다면 스톡홀름에서 윌킨스의 자리를 대신할 수 있었을지 궁금하다.[9]

왓슨과 크릭의 실험은 복잡하거나 시간이 드는 기술 없이 몇 주 만에 종결되었다는 점에서 상당히 제한적이었다. 이 에너지 넘치는 두 사람은 아리스토텔레스처럼 지식에 근거한 추론에 의존했다. 그런데 이 DNA 이야기의 결말이 아닌 전체를 들여다보면, 두 사람의 귀납적 사고가 어떠한 방식으로 작동했는지 분명히 드러난다. 왓슨과 크릭은 정답을 내는 데 필수적이지만 불충분한 데이터 조각을 도출했던 수많은 과학자로부터 수집한 정보에 의존했다. 실제로 DNA 연구는 두 사람보다 100년 먼저 환자의 붕대에서 모은 고름 세포에서 핵산과 단백질의 혼합물을 분리한 스위스 화학자 프리드리히 미셔Friedrich Miescher가 시작했다.[10]

DNA는 정말 아름다운 분자다. 수많은 생명체를 거쳐 수십억 년 동안 정보를 전달하는 매개체 역할을 하려면 이처럼 멋진 대칭성을 지녀야 했다. 상보적으로 결합한 DNA 두 가닥은 같은 정보를 담고 있어서 각각의 단일 가닥이 다른 가닥을 합성하는 데 완벽한 주형이 된다. 세포가 분열할 때마다 유전체에 A, T, G, C 30억 개로 작성된 작업지시서 복사본이 꼭 필요하다. DNA 모델을 관찰하던 왓슨과 크릭은 곧 DNA의 복제 방식을 알아차렸다.

두 사람의 이중나선 구조 발견은 과학 역사상 가장 위대한 업적이라고 평가받는다. 여기에서 우리는 이중나선 구조가 인간의 본질을 밝히고 분자 기술로 의학 발전의 방향을 변화시켰다고 말하면서 강한 인간 우월주의를 드러낸다. 다른 과학 분야의 발전도 여러모로 인상적이지만, DNA 구조 발견과 같은 방식으로 우리에게 영향을 주지 않았다. 중력파 탐지를 비롯한 우주과학 분야의 발전도 상당히 흥미롭지만, 구체적으로 인간을 언급하지 않는다. 오히려 천체물리학자의 발견으로 우주의 장엄함은 증폭되었으나 우리의 존재는 하찮아진 느낌이다.

그레고어 멘델Gregor Mendel은 생명체의 특성이 정보의 단위 형태로 대물림된다는 것을 증명했다. 멘델은 정상 완두와 키 작은 완두를 교배해 얻은 씨앗을 심고, 다음 세대에서 얻어지는 정상 완두와 키 작은 완두의 비율을 계산했다. 하지만 화학물질이 어떤 방식으로 다음 세대에 지시를 내리는지 알 길이 없었고, 다만 부모 식물 사이에서 교환된 무엇이 자손 식물의 성장에 영향을 미친다고 생각했다. DNA의 구조가 밝혀지고 유전학자가 유전자의 작동 방식을 이해하기 시작하면서 멘델의 의문은 풀렸다. 그리고 진화 혁명의 재료인 돌연변이가 어떤 방식으로 유전자를 변화시키는지 유전학을 토대로 명확하게 규명되었다.

이들의 연구 성과는 20세기 후반 과학자들이 생물학 분야에 남은 커다란 수수께끼들을 해결하도록 이끌었다. 유전자의 정체가 드러나면서 과학자들은 생명을 포괄적으로 이해할 수 있을 정도로 영리해졌다. 우리는 과학적 탐구 활동의 수혜자다. 이중나선이 우리를 부른다. 유전자는 다름 아닌 나 자신이다. 미녀와 야수 모두 나선형 계단에 싸여 있다.

DNA 발견의 실질적 영향력이 오늘날 점차 확대되고 있다. 유전자 서열을 밝히고, 실험실에서 유전자에 변이를 일으키고, 다른 생물 종으로 DNA를 옮기는 생물공학자들 덕분에 미생물은 강력한 의약품을 제조하는 산업 도구로 탈바꿈했다. 우리는 모든 유전 질환의 원인을 정확히 찾아내고,

특정 유전자의 유무를 파악해 만성질환으로 발전할 가능성이 있는지 예측할 수 있다. 분자유전학 기법으로 우리의 선조를 밝히고 친자 분쟁을 해결하거나 DNA 흔적을 증폭시켜 범죄자의 행적을 추적할 수도 있다. 왓슨과 크릭이 이러한 발전에 직접 기여하지는 않았지만, DNA의 구조를 알지 못했다면 우리는 암흑 속에 갇혔을 것이다.

미생물과 인간 유전자의 재조합은 DNA를 이해함으로써 생긴 강력한 힘을 잘 보여준다. 인슐린은 박테리아와 효모에 인간 유전자를 재조합해 생산한 최초의 단백질이다. 아미노산 사슬 두 개로 구성된 단순한 단백질인 인슐린은 사슬의 일부가 꼬여 있거나 화학결합으로 서로 연결되어 있다. 인슐린 구조는 뛰어난 여성 과학자 도로시 호지킨Dorothy Hodgkin이 밝혔다.[11] 로잘린드 프랭클린처럼 호지킨도 X선 결정학으로 생체분자 구조를 분석했다. 인슐린 결정을 이해하는 데 30년이라는 긴 시간이 걸렸던 그녀는 먼저 끝마친 다른 분야의 연구 성과로 노벨상을 받았다. DNA 같은 대칭적 매력은 없지만 인슐린이 없다면 우리는 혈액에서 당분을 흡수할 수 없고, 세포는 영양부족으로 활동을 멈출 것이다. 돼지에게서 추출한 인슐린을 환자에게 주입하는 치료법이 개발되기 이전에 당뇨 환자들은 시력과 팔다리를 잃거나 뇌졸중, 심장마비, 신부전증으로 사망했다. 거의 굶다시피 하는 식단으로 당뇨 증상을 다소 완화하기도 했지만 1~2년 동안 환자를 고통에 빠뜨렸다. 일시적인 증상 완화를 위해 아편이 처방되기도 했다. 그 밖에 다른 치료법은 없었다. 1920년대에 들어서 돼지 인슐린이 혈당 조절에 사용되기 시작한 후 인간의 인슐린 유전자 서열이 밝혀졌고, 그 뒤 오랜 시간이 지나지 않아 인슐린 유전자가 박테리아와 효모에 재조합되었다. 이는 미생물의 DNA가 인간과 똑같이 A, T, G, C로 작성되고, 박테리아와 효모의 DNA가 단백질로 번역될 때 동일한 유전자 코드와 도구를 사용하기 때문에 가능한 일이다.

분자 의학의 궁극적 목표는 손상된 유전자가 일으키는 질병을 퇴치하는 것이다. 접근법은 간단하다. 유전자의 손상 부위를 정상 DNA 서열로 대체하면 건강한 단백질이 생산되어 질병이 치료될 것이다. 이 야심 찬 실험에 30년이 걸렸다. 제약 회사가 근육위축증, 낭포성 섬유증, 방광암, 자궁경부암 등 다양한 유전 질환의 치료법을 연구하면서 유전자 치료가 매우 빠르게 발전하고 있다. 돌연변이가 생기면 낭포성 섬유증의 원인이 되는 유전자 *CFTR*이 1989년에 발견되었다.[12] *CFTR*은 염소 이온의 이동을 조절하는 세포막 단백질 정보를 담고 있다. 이 유전자의 돌연변이는 염소 이온의 흐름을 막아 폐에 두꺼운 점액이 축적되게 한다. 특정 질병을 일으키는 유전자가 처음으로 정체를 드러낸 것이다. 낭포성 섬유증 치료법이 손에 닿는 듯했다. 우리가 해야 할 일은 하나의 유전자를 고치는 것이었다. 하지만 그 일은 생각처럼 간단하지 않았다.

가장 유망한 유전자 치료법은 정상 표적 유전자를 지닌 바이러스를 환자 세포에 주입하여 건강한 단백질을 만들어내 증상을 치료하는 것이다. 그런데 낭포성 섬유증은 폐 점액이 바이러스 흡수를 막는 장벽으로 작용하기 때문에 이러한 치료법이 잘 통하지 않는다. 또 폐를 구성하는 세포를 정상 세포로 계속 교체해야 하기 때문에 환자에게 유전자가 변형된 바이러스를 반복적으로 주입해야 하는 어려움이 있다. 그리고 *CFTR* 유전자는 폐뿐만 아니라 신체의 모든 조직에서 발현되기 때문에 다른 장기에서 낭포성 섬유증 증상이 나타나는 것도 문제다. 이에 비해 혈우병 치료 전망은 대단히 밝다.[13] 어린 시절부터 출혈이 멈추지 않아 고생하는 성인 혈우병 환자에게 혈액응고 단백질 유전자를 지닌 바이러스를 주입하자 상처가 신속하게 치료되는 인상적인 결과를 얻었다.

질병의 새로운 치료법은 "삶에 이롭고 유용한 것을 얻기 위해" 자연을 탐구해야 한다던 베이컨의 주장과 완벽하게 일치하는 사례다. 베이컨이 등장하고 400년이 지난 지금, 이 '실용성'이라는 베이컨의 주장은 과학 분야에서 연구 자금을 요청할 때 쓰인다. 특히 미국의 일부 한심한 정치인들은 연구 프로젝트 제목에 소아 질병이 언급된 경우에는 자금을 지원하지만, 초파리 실험의 경우에는 인간 질병의 모델로서 중요하다는 사실을 알지 못한 채 비웃는다. 정치인은 자신이 이해하지 못한 것을 신뢰하지 않는다. 초파리 연구를 위한 자금 지원에 인간이 혜택을 받는 연구라는 설명이 뒷받침되지 않으면 대부분의 납세자는 처음부터 자금 지원에 반대할 것이다. 그래서 과학자들은 자신의 연구가 호모 나르키소스의 삶을 얼마나 개선할 수 있는지 화려한 주장을 펼친다.

과학 연구의 열정적 지지자들은 다음으로 어떠한 분야에 돌파구가 있을지 예측할 수 없기 때문에 모든 분야에 자금을 지원해야 한다고 주장한다. 어느 분야에서 중요한 발전을 이룰지 예측하기 힘든 것은 맞지만, 많은 분야가 더는 유용성이나 흥미조차도 발견할 수 없는 막다른 골목에 도달하리라는 것은 확신할 수 있다. 이러한 절망적인 상황은 내가 연구하는 균류 생물학에도 분명 존재한다. 곤충학자나 입자물리학자도 마찬가지라며 쉽게 인정할 것이다. 하지만 우리는 다른 과학자의 출판물이나 연구비 지원서에 익명으로도 비평하기를 꺼리는 경향이 있다. 왓슨은 그러한 현상을 다음과 같이 잘 설명했다.

언론이나 과학자의 어머니들이 만들어낸 통념과는 다르게,

> 과학자 다수가 편협할 뿐만 아니라 멍청하다는 사실을 깨닫지 않고서는 누구도 성공한 과학자가 될 수 없다.[14]

다른 과학자의 한계를 인정한다고 해도, 학연과 여성 혐오, 허울뿐인 예의범절이 복잡하게 얽혀 있는 과학계에서는 충분히 주목받을 수 있는 훌륭한 연구 성과도 관심을 끌기 힘들다. 이러한 오점에도 서양 과학은 르네상스 시대부터 인간의 위대함을 알리는 등대 역할을 했다. 가까운 태양계에서 외계인 방문객이 온다면 인간은 과학으로 자신이 지적 동물임을 증명할 것이다. 시와 음악은 그다음이다. 그런데 만약 모든 과학적 모험이 인간에게 치명적인 오류를 일으키고 문명을 파괴하는 기술의 원천이 된다면 어떨까?

9장

지구온난화

우리는 어떻게 지구를 망쳤을까?

인류가 무절제하게 발전한 끝에 쇠락하는 것은 자연스럽고 당연한 일이다. 그 파멸의 이야기는 단순하고 명확하다. 우리는 인류가 왜 멸망했는지 궁금해하기보다 오히려 오랫동안 살아남았다는 점에 놀라야 한다.[1]

우리가 지구 환경을 바꾸어 멸망의 시점을 앞당겼다는 사실은 부인할 수 없다. 지구는 빠르게 더워지고 있다. 산성화된 바닷물이 플라스틱으로 뒤덮인다. 산업 활동으로 공기가 오염되고 멈추지 않는 삼림 벌채로 사막화가 일어나 초원과 호수가 줄어든다. 2050년 즈음에는 전 세계 인구 100억 명이 남은 자원을 차지하려고 다툴 것이다.[2] 머지않아 극단적인 기후로 인해 사건·사고가 더욱 빈번하게 발생할 것이다.

농작물은 가뭄에 말라 죽을 것이다. 어장이 파괴되고, 대형 야생동물의 개체 수는 계속해서 감소하며, 곤충도 급격히 줄어들 것이다. 식물 종이 멸종하고, 생태계 대부분을 차지하는 미생물은 보이지 않는 곳에서 공포심에 몸서리칠 것이다.[3] 장기간 진행된 해수면의 상승으로 해안선이 변화할 것이다.[4] 남극대륙의 빙하가 쪼개지고 녹아내려 플로리다와 방글라데시는 파도 아래로 사라질 것이다. 이러한 전 지구적 변화를 지금까지는 감지할 수 없었을지 모르지만, 변화한 지구 환경이 앞으로 수십 년간 지속되리라는 것은 확실하다. 결국 인생에 닥치는 여러 위급 상황에서 가장 믿을 수 있는 대비책은 부의 축적이다. 하지만 부유층도 자녀를 낳기 전에 생태학적 미래를 고민해야 한다.

지구의 파멸에 관한 이야기에는 일부 눈에 띄는 악덕 기업도 나오지만 사실상 모든 사람이 가해자로 등장한다. 동아프리카 지구대에서 뛰쳐나온 순간 우리의 유전자에 기후를 파괴하려는 본성이 새겨졌다.[5] 인간은 쥐와 똑같이 식욕과 성욕을 지녔지만, 불행히도 다른 생명체와 다르게 지적 능력도 지녀서 이를 이용해 끊임없이 먹고 번식했다. 인구 규모뿐만 아니라 현대사회의 사치품도 행성에 피해를 가중시켰다. 사람들 대부분은 왕족처럼 살기를 원하고 기회만 있다면 더 편안한 삶을 추구하려고 한다. 편한 삶의 특권을 누리기 위해 인간은 대기의 구성을 변화시키고, 이산화탄소층을 두껍게 만들어 지구로 들어오는 태양열을 가두었다. 우리가 지구를 얼마나 뜨겁게, 빠르게 가열할지는 모르지만 지구가 점점 뜨거워지고 있다는 사실만큼은 확실하다.

텍사스에서 사는 나의 형은 이런 상황에도 동요하지 않는다. 그는 중세 온난기 기록을 참고하고, 이산화탄소 배출과 지구 평균기온 사이의 놀라운 상관관계를 부정하는 기후변화 반대론자의 글을 읽으며 마음의 위안을 얻는다. 이 같은 형의 태도는 '생명, 자유, 행복 추구'가 거부될 수 있다고 생각해본 적이 거의 없는 미국 백인들 사이에 널리 퍼져 있다. 전 세계 여러 나라의 사람들은 눈에 보이지 않는 대기보다 생존에 급급하여 여름이 점점 더 뜨거워지고 있는 이유를 알려고 하지 않는다.

나 또한 짧은 거리도 자전거보다는 자동차를 타고, 여러 나라를 비행기로 오가며, 쉽게 썩지 않는 플라스틱 용기에 담긴 남아메리카산 딸기를 구입하는 문명 종말의 공헌자로서 겸허한 마음으로 이 글을 쓴다. 내가 자진해서 천막을 치고 사는 날은 오지 않겠지만, 변명 한마디 하자면, 아마도 다수의 이웃에 비해 내가 남긴 탄소 발자국이 작을 것이다. 생물학적 아버지가 아닌 의붓아버지로서 내가 정자와 난자로 다음 세대를 낳은 사람들만큼 지구에 피해를 주려면 리어제

트기(자가용 소형 제트기 – 옮긴이)로 출퇴근을 해야 할 것이다.[6] 한 명의 인간으로서 온실가스 배출량을 줄이는 데 가장 크게 기여하는 방법은 죽는 것이다. 죽는 것에 실패했다면, 그다음으로 좋은 방법은 아기 낳기를 자제하는 것이다.

토머스 맬서스Thomas Malthus는 산업혁명 초기에 출간한 저서 《인구론An Essay on the Principle of Population》에서 지속적인 인구 증가의 위험성을 처음으로 언급했다.[7] 그는 기하급수적인 인구 증가로 많은 사람이 굶어 죽을 가능성에 관심을 두었는데, 그 근거로 1840년대 아일랜드 감자 대기근을 들었다. 그리고 20세기에 우리는 화석연료에 의존한 경작지 개발, 비료 · 제초제 · 살충제 도입, 농업의 기계화에도 환경은 안전할 것이라는 그릇된 판단을 했다. 의학이 발전하고 농업 생산량이 증가한 결과, 지난 100년 동안 세계 인구는 네 배 증가했다.

인구 증가와 환경 파괴의 연관성은 공개 석상에서 무시되는 주제다. 정치인들은 그러한 주제에 전혀 신경 쓰지 않는다. 1968년 폴 R. 에를리히Paul R. Ehrlich가 출간한 베스트셀러 《인구 폭탄The Population Bomb》에서 언급되었으나 다수의 대중 지식인에게 터무니없다고 평가받았던 '지구 최후의 날 시나리오'에도 정치인들은 관심이 없다.[8] 현대 경제학자들은 세계 다른 지역의 인구 급증보다 선진국의 인구 감소에 더 신경 쓴다. 심지어 활발하게 활동 중인 환경 운동가들도 인간 사회의 지속 가능성을 논할 때는 물론이고, 개인적인 행동에서도 인구 증가를 신경 쓰지 않는다. 미국 45대 부통령인 앨 고어Al Gore는 자녀 네 명을 낳았고, 동료 정치인이자 운동가인 로버트 F. 케네디 주니어Robert F. Kennedy Jr.는 그의 전설적인 가족 구성원에 자녀 여섯 명을 보탰다. 21세기에 자녀를 많이 낳는 것은 명예의 상징이 아니라 환경 테러 행위다. 매시간 아기 1만 5,000명이 태어나지만 죽는 사람은 6,000명뿐이다. 출생자·사망자 합계는 미래에 호의적이지 않다.

인간이 지구 환경에 영향을 준 유일한 생명체는 아니다. 우리가 무대에 등장하기 오래전에 미생물과 식물이 대기의 화학적 성질을 변화시켰다. 23억 년 전 박테리아는 대기에 산소라고 부르는 유독가스를 뿜어대며 중대한 변화를 일으켰다. 반응성이 크고 DNA를 손상시키는 산소가 생물 역사의 첫 100만 년 동안 철, 황, 질소로 행복하게 호흡하던 미생물을 대량으로 살상했다. 산소 농도가 높아지자 금속으로 호흡하던 생명체와 그 친족들은 바닷속 진흙층이나 산소가 없는 지대로 후퇴했다. 새로운 생명체는 독특한 조건을 활용해 진화했고, 산소를 이용해 양분에서 더 많은 에너지를 얻는 방법을 발견했다. 이것이 오늘날 우리가 산소를 깊게 들이마시는 이유다.

생명체가 육지로 기어 올라가고 오랜 시간이 흐른 뒤 식물이 번성해 대기 구성을 다시 변화시켰다. 석탄기의 울창한 숲속에서 번성한 거대한 쇠뜨기와 석송은 분해되지 않고 압력을 받아 석탄층이 되었다.[9] 부패 과정 없이 땅속에 묻힌 생명체가 대기 중의 이산화탄소를 끌어당겨 지구 전체를 냉각시켰다. 우리가 화력발전소에서 전기를 생산할 때마다 땅에 묻혀 있던 탄소는 대기로 탈출하고, 전구 속에서 진동하는 광자는 선사시대의 숲에서 흡수되었던 순간의 파장으로 방출된다. 푸른 잎이 땅에 묻혀 석탄이 되고 3억 년 후 테이블 램프를 빛내기까지, 에너지는 저장되고 방출된다. 석탄기 이후 균류가 쓰러진 나무에서 분해반응을 완벽하게 터득하자 석탄 생성량이 줄어들었다. 생명체는 폭발적으로 늘어나고, 화산활동을 비롯한 여러 지질 현상이 기후를 이리저리 변화시켰으며, 이따금 떨어지는 소행성은 지구 생명체 사이의 평화를 깨뜨렸다. 현재 지구의 기후가 변화한 것은 인정하지만 인간의 소행은 아니기에 우리에겐 책임이 없다고 말하는 나의 형, 그리고 형과 같은 편에 선 사람들은 기후변화를 논할 때 이 시기의 사건들을 제시하며 취약한 논리적 근거로 삼는다.

인간을 포함하여 두 발로 걷는 유인원들은 은하계 구석에서 짧은 생물학적 시간 동안 뚜렷한 파괴의 길을 걸었다. 가장 최근 자연계의 양상이 변화한 것은 330만 년 전의 일로, 케냐의 투르카나 호숫가에서 오스트랄로피테쿠스가 석기를 만들어 동물 사체에서 살점을 도려내면서 시작되었다. 지금으로부터 50만 년 전에는 남아프리카에서 또 다른 대형 유인원들이 돌창을 사용했고, 7만 1,000년 전 초기 인류가 활과 화살을 만들면서 무기가 등장했다.[10] 활과 화살을 조합한 발사형 무기로 인간은 만용을 부리지 않고도 큰 동물을 잡을 수 있게 되었다. 무기를 사용하거나 불과 덫을 놓고 사냥감을 끝까지 뒤쫓으며 털북숭이 매머드, 마스토돈mastodon, 검치호랑이, 땅늘보의 멸종을 지켜보았다. 아르마딜로와 닮은 남아프리카 '글립토돈Glyptodon'은 대량 학살의 또 다른 희생자였다. 폭스바겐 비틀만큼 크기가 큰 글립토돈은 느릿느릿 움직이는 채식주의자로, 그들의 고기를 먹고 남은 껍질 속에서 은신하는 사냥꾼들에게는 만만한 사냥감이었다.

오랫동안 생물학자들은 기후변화가 동물 멸종에 가장 중요한 요소라고 주장했으나, 인류 등장과 동물 멸종 사이의 상관관계를 알리는 증거가 점점 더 늘어나고 있다.[11] 둘 사이의 상관관계는 섬에서 살았던 화려한 새 이야기에서 더욱 명백해진다. 3,500년 전 선사시대가 막을 내리자 누벨칼레도니Nouvelle Calédonie에서는 '실비오르니스Sylviornis'라는 이름의 거대한 칠면조가 카누를 타고 나타난 라피타인Lapita人에 의해 멸종되었고, 1300년대 뉴질랜드에서는 날지 못하는 모아새moa가 마오리족Maori族의 등장 이후 수없이 목숨을 잃었다.[12] 태초부터 멸종은 자연의 모습을 바꾸어왔으나 인간만큼 지구에 충격을 가한 동물은 없었다. 공룡을 멸종시킨 소행성처럼 거대한 파괴력을 지닌 인류의 진화는 놀라운 속도로 생명체에 영향을 미쳤다. 6,500만 년 전 소행성 칙술루브Chicxulub가 멕시코만에 떨어지며 시작된 신생대에 포유류의 평균 크기는 꾸준히 증가했다. 하지만 몸집이 큰 동물들은 약 10만 년 전부터 사라지기 시작해 5만 년 전 멸종이 가속화되었고, 야생 포유류 전체 숫자는 원시 인류 개체 수 최대치의 6분의 1로 급감했다. 특정 시기에는 집에서 키우는 소가 멸종에서 살아남은 포유류 가운데 가장 컸다.[13]

본질적으로 불안정한 자연은 파멸하리라고 예측하는 회의주의는 충분히 이해할 수 있다. 세대가 거듭될수록 미래에 대한 기대가 낮아지는 상황에서 벗어나려면 상상력을 발휘해야 한다. 14세기 이후 살아 있는 모아새를 본 사람은 아무도 없지만, 오늘날 모아새가 없다고 분노하는 뉴질랜드인은 없다. 마사Martha라는 이름의 마지막 여행비둘기passenger pigeon는 1914년 내가 사는 지역의 동물원에서 죽었고, 여행비둘기의 집단 비행으로 하늘이 까맣게 뒤덮였던 것은 19세기가 마지막이었다. 우리는 곁에 존재하지 않았던 대상을 그리워하지 못한다. 멸종은 이미 끝난 일이 아니라 진행 중인 현상으로서 다가오는 공포와 생태계 훼손을 말해준다. 하지만 생태계 파괴는 조금도 수그러들지 않는다. 삼림 벌채를 중지하자는 캠페인에도 열대 삼림지대가 브라질에서 연간 270만 헥타르, 인도네시아에서 130만 헥타르, 콩고에서 660만 헥타르씩 사라지고 있다.[14] 2016년 세계 산호초의 3분의 1이 기후변화의 직접적 결과인 고온 해수에 피해를 입었다. 호주 그레이트 배리어 리프Great Barrier Reef의 90퍼센트 이상이 백화현상bleaching이라고 부르는 증상을 겪었는데, 이는 산호초와 공생관계인 와편모조류dinoflagellate algae가 사라지면서 나타난 현상이다.[15] 산호초가 백화현상에서 회복되면 본래 서식했던 동물들은 해양생태계를 황폐화하는 둔한 산호 종으로 대체된다. 이는 정상적인 현상이 아니다.

더 멋진 생태계로 눈을 돌려보자. 나는 꽃이 피는 관목과 나무들 사이에 '오하이오의 정원'이라고 이름 붙인 낙원을 만들었다. 그늘진 구석에 깔린 부드러운 이끼 속에서 아메바와 완보동물이 바글대고 그 위로 양치식물이 자란다. 두더지는 땅을 파고, 물고기는 연못에서 헤엄치며, 닭 네 마리가 멍한 얼굴로 풀썩 주저앉아 오후의 모래 목욕을 즐긴다. 나는 살충제 한 방울 쓰지 않고 이 교외의 오아시스를 20년 넘게 가꾸었지만, 생태계는 빠르게 변화하고 있다. 초여름이면 이

곳에서 지내던 다양하고 아름다운 곤충들이 지난 10년 동안 돌아오지 않았다. 벌새와 박각시나방과 대벌레는 사라졌다. 이제 나비는 배추흰나비가 유일하고, 야행성 나방은 더는 저녁 시간 전등불 근처로 몰려들지 않는다. 그렇다. 이 이야기는 순전히 개인적인 경험일 뿐이다. 하지만 날벌레가 놀랄 만큼 사라졌다는 과학적 통계에 완벽히 들어맞는다.[16]

몸집이 큰 동물들도 영향을 받는다. 해가 진 후 가끔 돌아다녀 보면 정원을 방문하는 너구리, 주머니쥐, 스컹크 숫자가 줄었다는 것을 확신하게 된다. 작은 갈색 박쥐는 너무나도 희귀해져서, 해거름에 사랑스러운 갈색 박쥐 부부를 발견하면 환희에 휩싸인다. 박쥐괴질white nose disease로 많은 동물이 목숨을 잃었고 곤충 개체 수도 줄었기 때문에 곰팡이를 제외한 동물들은 굶주리고 있을 것이다. 가장 분명한 변화는 딱정벌레의 한 종류인 호리비단벌레emerald ash borer의 습격에 나무 개체 수가 줄어든 것으로, 호리비단벌레의 유충이 이 지역의 물푸레나무를 모조리 죽였다. 교외 밖으로 눈을 돌려도 좋은 소식은 전혀 들리지 않는다. 농지 주변을 흐르는 개울은 녹조로 뒤덮이고, 농작물 틈새에 집을 짓던 큰 거미들은 사라졌다. 목초지의 버섯조차 희귀해졌다. 우리를 둘러싼 자연 전체가 무너지고 있다.

국제자연보전연맹International Union for Conservation of Nature and

Natural Resources: IUCN은 멸종에 근접한 정도로 생물 종을 분류해 멸종 위기 종 적색 목록Red List of Threatened Species을 편찬한다. 자료가 존재하는 생물 종에는 '관심 대상Least Concern'에서 '위급Critically Endangered'까지 할당된다. 멸종된 종은 '야생 멸종Extinct in the wild'(하와이 까마귀 등)과 '멸종Extinct'(여행비둘기), 두 가지로 분류한다(낮은 위기 수준에서 높은 위기 수준 순서로 나열하면, 관심 대상Least Concern – 준위협Near Threatened – 취약Vulnerable – 위기Endangered – 위급Critically Endangered – 야생 멸종Extinct in the Wild – 멸종Extinct임 - 옮긴이). 국제자연보전연맹 적색 목록은 호모 사피엔스를 '관심 대상'으로 분류하며 다음과 같이 설명했다. "종이 매우 광범위하게 분포하고 환경에 적응할 수 있으며 현재 개체 수가 증가하고 있고 전체 개체 수를 감소시키는 큰 위협이 없기 때문에 '관심 대상'으로 분류한다."[17] 사실일까?

우리가 지구온난화를 제어할 수 있는 수단을 마련하지 않는다면, 인구는 계속 증가하고 지구의 생물학적 다양성은 사라질 것이다. 몸집이 큰 동물은 야생에서 사라질 것이다. 우리는 북적대는 인간 속에서 자신을 발견하지만 자연에서는 외로움을 느낄 것이다. 국제자연보전연맹 목록에서 멸종 '위기' 종과 '위급' 종으로 분류된 생물 종의 샘플을 무작위로 추출해보면 이러한 위기 상황은 또렷하게 드러난다. 작살과 폭발물을 이용하는 어업 활동에 위협받는 나폴레옹피시humphead wrasse는 '위기' 종으로 분류된다. 수력발전 댐, 오염, 트로피 사냥꾼에게 위협받는 톱가오리common sawfish는 '위급' 종으로 분류된다. 동부긴코가시두더지eastern long-beaked echidna는 광산 회사가 서식지를 파괴한 결과 뉴기니에서 멸종되었다. 큰귀상어great hammerhead는 중국에서 상어 지느러미 수프의 재료로 연간 7,300마리가 포획되며 '위기' 종으로 분류된다. 동물을 보호하는 유일한 방법은 어떠한 인간도 이들의 서식지에 접촉하지 못하도록 막는 것이다.

지구 종말의 근간에는 프랜시스 베이컨의 과학이 있다. 우리는 농업, 의학, 공학 발전의 축복을 받았다. 과학은 우리가 원하는 것을 정확히 수행했고, 이제 우리는 전멸할 준비를 마쳤다. 17세기에 있었던 여러 발견 이후 유럽 과학이 사라졌다면, 인구수는 지금보다 적게 증가하고 지구는 뜨거워지지 않았을 것이다. 존 밀턴은 《실낙원》에서 〈창세기〉의 이야기를 재구성하여 다음과 같이 경고했다.

> 처음으로 하느님을 거역한 인간이,
> 금단의 열매를 맛보면서
> 세상에 죽음과 온갖 재앙을 일으키고
> 에덴까지 잃고 말았으니……. (제1편, 1~4)

신의 경고에도 아랑곳하지 않던 이브는 교활한 뱀의 유혹에 넘어가 운명의 결정을 내렸다.

> 이브는 손을 뻗어 열매를 따 먹었다.
> 대지는 상처의 아픔을 느끼고,
> 자연은 만물을 통해 탄식하며,
> 모든 것을 잃었다는 비탄의 징표를 드러냈다.(제9편, 781~784)

이브는 자신을 둘러싼 환경의 경계선까지 다가가고, 아름다운 정원에서 영원히 노예로 사는 삶을 넘어서려고 한 젊은 여성이자 최초의 경험주의자였다. 밀턴이 살았던 시기가 과학혁명이 끝날 무렵이었다면 우리는 그의 은유적 표현에 담긴 진면목을 알아보지 못했을 것이다. 만약 1854년 존 스노John Snow가 콜레라균 발생 지역과 오염된 우물을 대조해 작성한 소호Soho 지역의 지도를 불태웠다면 어땠을까? 그랬다면 런던 시민 수를 줄이는 데 도움이 되었을 것이다. 그리고 루이 파스퇴르Louis Pasteur가 세균 이론에 관한 연구를 포기했다면 우리는 동물 멸종을 사전에 막을 수 있었을 것이다. 수 세기 동안 내려온 미신을 부정하고, 균류가 곡식에 질병을 일으키는 현상을 규명한 식물병리학자들은 어떠한가? 학자들은 곡식을 망치는 곰팡이병과 깜부깃병을 상대로 싸워서 현대 농업이 수십억 달러를 창출하게 해주었다.

과학은 현대 문명의 중심이기에 인간은 자연을 다루고 탐구하는 행동을 자진해서 멈추지 않을 것이다. 이제 인간은 무죄가 아니라는 것이 명백하게 드러난 이상, 딜런 토머스 Dylan Thomas가 충고한 대로 우리는 과학적 성과를 불태우고 분노하거나, 어느 정도 우아함을 지키며 뒤로 물러서는 미래를 고려해볼 수 있다. 하지만 어떠한 길을 택하든 과학적 발견이 낳은 끔찍한 대가를 인식하지 않고서 과학의 순수성을 계속 옹호할 수 없다. "너의 반역은 내게 인간의 두 번째 타락으로 보이기 때문에."(《헨리 5세》 2막 3장)

10장

우아함

우리는 어떻게 사라질까?

에너지 생산·운송 분야에 일어난 혁신과 함께 지속적인 인구 증가를 이끈 농업·의학 분야의 발전은 눈 깜짝할 사이에 지구온난화를 초래했다. 이 위험한 결과는 프랜시스 베이컨의 귀납적 연구 방법론을 기반으로 하는 서양 과학과 공학의 산물로서 문명을 붕괴시키고 궁극적으로 인류를 멸종시킬 것이다. 우리는 이 끔찍한 결말에 어떻게 대응해야 할까?

멸종의 날이 예견되는 상황에서도 다양한 방식으로 편안한 삶을 영위하는 사람들은 마지막까지 지금의 생활 방식을 유지하며 탄소 배출량 줄이기에 나서지 않을 것이다. 18세기 프랑스 귀족처럼 우리는 주위에 전혀 관심을 기울이지 않은 채 행복했던 과거만 바라볼 것이다. 인류가 더위를 견디는 그날까지 축제는 계속될 것이다. 그러나 축제의 열기가 식고 막이 내리면 머지않아 인류는 전쟁을 일으켜 사용 가능한 농지와 깨끗한 물을 차지하려 싸우고, 가난한 사람들이 국경을 넘지 못하도록 세계 곳곳에 울타리를 세우며 군대를 배치할 것이다.

기온이 상승할수록 부유층은 극지방에 피난처를 마련하거나 중무장한 원양 여객선을 타고 출항할 것이다. 수백만 명 이상이 태양을 피해 지하 도시에서 거주할 것이다. 이산화탄소 10억 톤을 흡수하는 새로운 방법이 보도되면 거대한 파장을 일으키다가도 다음 뉴스에서는 슬그머니 사라질 것이다. 농업과 수산업이 무너지고, 약물로는 마음의 위안을 얻지 못하여 결국 모든 사람이 피할 수 없는 더위에 눈물 흘리며 화산재에 파묻힌 폼페이 희생자들처럼 태아 자세로 웅크리고 있을 것이다. 시간이 흐르고 굴뚝의 연기가 올라갈수록 이러한 결과를 맞이할 가능성은 커진다.

금세기 초 지구온난화의 발생 원리와 현황이 과학적으로 명확하게 밝혀지며 온난화 부정론은 시간이 지날수록 비웃음을 샀음에도 놀라울 정도로 끊임없이 되살아났다.[1] 게다가 지구온난화를 인정하는 사람들도 사태의 위급성에 관해서는 공감대를 형성하지 못했다. 2017년 발표된 통계에 따르면, 미국 중서부에서 옥수수를 재배하는 농가 대다수가 예전보다 날씨를 예측하기 힘들다고 인정했다.[2] 그들은 잦은 가뭄과 홍수에서 경작지를 보호하기 위해 경작면적을 줄이고 최신 이종교배 작물을 심는 등 여러 전략을 추진하는 것으로 맞섰다. 농작물 보험도 추가로 가입했다. 그러면서도 기후변화로 인해 농장 수익이 크게 낮아지지 않을 것이고, 인간이 창의력을 발휘해 미래에 발생할 문제를 해결하리라고 믿으며 여전히 침착함을 잃지 않는다. 이러한 낙관주의는 일생 농업 분야에서 놀라운 기술혁신을 경험한 농업 종사자 사이에서는 당연하다. 심지어 단기적으로는 전보다 따뜻하고 습한 기후가 미국 중부의 작물 생산량을 증가시킬 것이라고 전망한다.[3]

한편 다른 지역의 농부들은 더욱더 힘든 시간을 보내고 있다. 인도에서 곡물 재배로 생계를 유지하는 농부는 지금보다 시원하고 습한 미래를 꿈꾸었지만 계속되는 여름의 열기 속에서 희망을 잃었다.[4] 개발도상국에서는 농업 종사자의 자살률이 상승했고, 정신병이 유행처럼 번져나갈 것이라는 예측도 있다. 이 지역들보다는 덜 극적이긴 하지만, 캐나다 북부 원주민 이누이트의 지역사회와 호주의 밀 재배 농가에서도 생태적 변화가 발견되었다.[5] 두 집단 모두 두드러진 지역 기후의 변화를 겪었고, 그로 인해 생활 방식이 크게 바뀌었다. 조사에 따르면, 이들은 환경이 물리적으로 변화하는 사이에

'생태적 슬픔'을 경험하며 미래에 대한 절망감을 느꼈다고 한다.

지구온난화의 영향을 직접 체감하지 못한 사람들조차도 미래 세대를 대신해 심각한 불안감을 느낀다. 점점 더 많은 미국의 젊은 여성이 '후손에게 물려줄 합리적인 세상에 대한 확신'이 없어 자녀 갖기를 걱정한다.[6] 아기 한 명이 태어나지 않으면 훗날 고통받을 사람 한 명이 줄고 탄소 발자국도 그만큼 줄어든다. 소비지상주의를 억제할수록 더 나은 환경을 기대할 수 있겠지만, 많은 사람이 자녀를 낳는 것에 삶의 의미가 있다고 굳게 믿듯이 우리 유전자는 소비를 억누르려는 의지에 맞서 싸운다. 상황은 속수무책으로 보이고, 실제로도 그럴 것이다.

인류는 이미 루비콘강을 건넜으며, 과학기술로는 지구를 차갑게 식히기가 쉽지 않다고 결론지은 작가 로이 스크랜튼Roy Scranton은 "개인이 아니라 세계인으로서 죽는 법을 배우라"라고 충고한다.[7] 비슷한 논리로 캐나다 의사 알레한드로 자다드Alejandro Jadad와 머리 엔킨Murray Enkin은 2017년 〈유럽 완화 치료 저널European Journal of Palliative Care〉에 호스피스 케어를 인류 문명 전체로 확장해야 한다는 자극적인 논평을 발표했다.[8] 완화 조치에는 빈곤을 근절하고 노숙자에게 주거지를 마련해주는 국제적 투자는 물론 검소한 새 시대를 여는 것까지 포함된다. 두 과학자는 국제 군사 자금을 평화 유지 기동부대로 돌리면 천연자원 감소가 촉발한 분쟁을 막을 수 있다고 주장한다. 이러한 조치는 자원이 풍족한 시기에는 나타나지 않는 국제 협력의 한 형태다. 민족주의는 나르시시즘의 확실한 사례로, 인간에게 특히 널리 퍼진 사고방식이며 환경 스트레스가 증가할수록 부족 사이의 갈등은 증폭된다. 인류가 진화적 발달의 정점에 서 있다는 상상을 버린다면, 혹시 불빛이 꺼지더라도 우리는 조금 더 사이좋게 지낼 수 있지 않을까?

지구온난화의 시대를 맞이해 인류의 정의를 다시 내려야 한다고 주장하기 전에, 먼저 이 책의 본질적인 주제를 요약해보는 편이 좋겠다. 우리는 골디락스 행성에 살고 있고, 이 행성은 태양 주위를 수십억 바퀴 공전하며 생명을 키워왔다. 동물은 바다에서 꿈틀대는 정자와 닮은 미생물에서 진화했다. 대형 유인원은 1,500만 년에서 2,000만 년 전에 태어났다. 그 후에 아프리카에서 우리와 생김새가 비슷한 고인류古人類가 태어났고, 가는 골격을 지닌 현생인류가 등장한 지는 10만 년도 되지 않았다. 이산화탄소와 햇빛이 식물 조직을 만들고, 우리는 과일과 풀을 먹고 자란 동물과 식물을 섭취해 에너지를 얻는다. 소화계가 음식을 작은 분자로 쪼개면 그 분자들은 혈관을 통해 몸 전체로 전달되어 신체를 구성하는 모든 세포를 유지한다. 신체 구조 및 작동법은 2미터의 DNA를 따라 여기저기에 퍼진 2만 개의 유전자 속 뒤죽박죽 적힌 작업지시서에 자세히 수록되어 있다. 신체를 구축하는 과정에는 9개월이 걸리는데, 그사이에 자아와 환상에 불과한 자유의지를 심어주는 큰 뇌도 만들어진다. 신체는 어김없이 늙어간다. 몇십 년 후 이 동물은 활동을 멈추고 분해된다.

인간은 신체적·정신적 능력을 조합해서 원하는 대로 환경을 조작했다. 다른 어떠한 생물 종도 인간과 같은 능력을 지니고 있지 않다. 손이 중요하다. 똑똑하지만 지느러미나 물갈퀴를 지닌 동물에게는 주변을 재구성할 능력이 없다. 짧은 시간 동안 발전한 과학과 공학 덕분에 인류는 빠르게 개체 수를 늘렸을 뿐만 아니라 화석연료를 태워서 사치스러운 삶을 누렸다. 하지만 대기 조성이 변하고 지구 표면 온도가 상승했다.

지구온난화와 아주 비슷한 일이 우주 곳곳에서 일어났을지 모른다. 만약 다른 행성에서 생명체가 진화했을 가능성이 있다면, 어쩌면 몇몇 외계인들은 우리보다 뛰어나거나 비슷한 수준으로 과학기술을 발전시켰을지 모른다. 그렇다면 왜 엔리코 페르미Enrico Fermi는 "모두 어디 있지?"라고 질문했을까? 페르미는 1950년 뉴멕시코의 로스 알라모스 국립 연구소Los Alamos National Laboratory에서 점심 식사를 하는 동안 이와 비슷한 질문을 했다.[9] 그와 같은 테이블에 에드워드 텔러Edward Teller도 앉아 있었다. 이 이야기는 무척 아이러니하다. 페르미는 '원자폭탄의 아버지'였고, 텔러는 '수소폭탄의 아버지'가 되었다.[10] 페르미가 유머 감각이 좋았다면 질문을 던진 직후 텔러를 향해 눈을 크게 뜨며 "오, 맞아, 그러게 말이야!"라고 외쳤을 것이다.

고요한 우주와 거대한 침묵은 다양한 방식으로 설명되는데, 물리학자들은 외계인과 접촉하게 될 가능성을 추정하기 위해 드레이크 방정식Drake Equation과 씨름한다.[11] 방정식의 변수에는 항성 형성률(R^*)과 외계 문명이 탐지 가능한 신호를 생성하는 데 걸리는 시간 L이 포함된다. L 값을 제한하는 방법에는 핵무기 개발도 있지만, 외계인 입장에서는 화석연료를 모조리 태우고 자살하는 편이 더 평범한 결말일 것이다.

어린 외계인들이 교실에서 배우는 우주 규칙에는, 자신을 멸종시키는 기술을 개발한 생명체는 머지않아 그 기술을 사용할 것이라는 내용이 있으리라 상상한다. 멸종에는 단계가 있는데, 암 발생 단계와 비교하자면 한 곳에만 암이 생성된 0기부터 다른 장기로 암세포가 전이된 4기까지 있다. 앞서 7장에서 만난 크리스토퍼 히친스는 투병 중에 "4단계에는 5단계가 없다는 특징이 있다"라는 글을 썼다. 생물 종 가운데 하나인 우리는 10만 년이 넘도록 4단계 주변을 맴돌았다. "인간이 지구에 머물 시간은 얼마나 남았지?"라고 제타 성Planet Zeta의 교사가 묻자 교실의 스파게티 괴물(바비 헨더슨 Bobby Henderson이 2005년 창시한 기독교 패러디 종교 FSM에서 숭배하는 대상인 '날아다니는 스파게티 괴물'을 말함 - 옮긴이)들이 열광한다.[12]

각 세대는 다음 세대가 거두게 될 수익을 낮추는 데 기여해왔다. 하지만 내가 아버지를 향해 1970년대에 노새 대신 알파로메오(이탈리아의 자동차 브랜드 - 옮긴이)를 타고 출퇴근했다고 비난하는 것은 이치에 맞지 않는다. 자동차가 대기 환경에 미친 결과가 명백하게 드러난 지금, 카풀 실천을 위해 노력할 수는 있지만 이는 개인이 지닌 자본주의적 열망과 부딪친다. 환경 파괴가 이미 진행된 현 상황에서 탄소 배출을 막아봤자 앞으로 수십 년 동안은 효과를 느낄 수 없으리라는 것 또한 절망적이다.[13] 지금 모든 탄소 배출을 중단한다 해도 지구는 계속 더워진다는 사실을 아는 온라인 논평가들 사이에서는 짐 모리슨Jim Morrison의 말처럼 "지구 전체가 불길에 휩싸이기 전까지" 마음껏 즐기다가 인류가 모두 죽고 아무도 남지 않았을 때 지구를 재가동하는 편이 나을 것이라는 반응이 나왔다.[14]

인간이 멸종하면 나머지 자연계는 환호할 것이다. 만약 외계인이 지구에 마이크를 설치했다면 지난 수천 년 동안 동물들이 괴롭힘을 당하며 내는 신음과 탄식하고 투덜대는 소리, 소가 울부짖고 곰이 발을 구르는 소리, 겁에 질린 쥐와 고양이와 원숭이가 의자에 묶인 채 괴상한 도구로 고문과 해부를 당하며 지르는 비명을 들었을 것이다. 철학자 쇼펜하우어는 "우리가 살아가는 직접적인 목적은 '괴로움'이다. 괴로움이 없다면 우리는 세상을 살아가는 이유를 어디에서도 찾을 수 없다"라고 말했다.[15] 오늘날 이러한 끔찍한 상황에도 우리는 동물에게 살기 좋은 환경을 제공하고 실험용 동물이 치료를 받는 데 필요한 비용을 부담한다며 동물 학대를 정당화한다. 항상 그랬듯이 인간은 놀라운 자만심에 빠져 있다. 우리는 늘 그래왔다.

다른 동물에 대한 인간의 공감 능력 결여와 '바이오필리아biophilia', 즉 인간은 본능적으로 자연을 사랑한다는 개념은 충돌한다. 바이오필리아를 대중에게 알린 하버드 생물학자 E. O. 윌슨E. O. Wilson은 선사시대 아프리카 초원에서 야생동물과 교감했을 때의 느낌이 우리의 가슴에 남아 있다고 말한다.[16] 하지만 그의 주장에는 증거가 없고 진화론적 측면에서 말이 되지 않는다.[17] 인간은 자연에 친절을 베푸는 만큼 자연을 파괴한다. 개울가에서 개구리나 집게발을 흔드는 가재를 보고 겁에 질려 몸을 움츠리는 아이에게도 바위를 뒤집으며 노는 친구가 있다.[18] 만약 우리에게 본능이 남아 있다면, 그것은 사냥감을 쫓아가 죽이는 성향이다. 자연사 교육 프로그램이 자연 혐오증 환자가 되었을지 모르는 아이들의 행동을 교정하는 놀라운 역할을 할 수도 있겠지만, 다른 오락 활동이 존재하는 한 다수의 아이가 조류 관찰의 즐거움을 알기는 쉽지 않을 것이다.

수십 년간 야생동물 다큐멘터리 제작자들은 신비한 자연이 주는 경외심을 이용하면 지구를 구하는 데 도움이 되리라고 생각했다. 우리는 텔레비전으로 장엄한 열대우림을 경험하며 감격했고, 먼지투성이 도로를 질주하는 벌목 트럭을 찍은 프로그램 마지막 장면에 슬퍼했다. 운영 방식을 개선한 일부 동물원은 동물을 전시해 관람객에게 즐거움을 주면서 그 동물의 멸종 위기 현황을 설명지에 적어 울타리나 유리에 부착하는 식으로 손님을 모은다. 아이들은 고릴라를 보고 비명을 지르다가 아이스크림을 먹으며 집으로 돌아간다. 동물원이 인간의 마음을 자극해 동물 보호에 도움을 준다는 증거는 미약하다.[19]

보존생물학자는 다른 생명체와 교감하는 능력은 지녔지만, 주변의 자연 혐오증 환자만큼 지구에 해를 끼친다. 환경자선단체에 기부해도 결과가 달라지지 않는다. 지구의 장례식은 태양전지판과 전기 자동차로 장식될 것이다. 현대 생활에 적응한 우리의 단순한 행동이 지구에 큰 상처를 입힌다.

존 레논John Lennon은 "인생이란 다른 계획으로 분주할 때 슬그머니 일어나는 일"이라고 말했다. 기후변화도 마찬가지다. 고도Godot를 기다리던 에스트라공이 "이 짓은 이제 더 못 하겠어"라고 말하자, 블라디미르가 "입으로는 모두 그렇게 말하지"라고 답한다.[20]

이기적인 인류는 생물권 붕괴에 앞장서며 자신을 궁지에 빠뜨렸다. 서기 79년 베수비오산 근처에 터를 잡은 탓에 곤경에 처한 로마인처럼, 특권을 받았음에도 결국 달갑지 않은 상황에 빠진 것이다. 14세기 전염병이 대유행하던 시기에는 희망이 없었다. 지금의 나와 마찬가지로, 당시 전염병 피해자들도 개인은 물론이고 문명 전체가 종말에 직면했다고 믿었다. 어쨌든 우리가 영원한 고통을 걱정할 필요는 없다. 이처럼 놀라운 상황에 빠진 우리는 마침내 끈질긴 나르시시즘을 극복해낼지도 모른다. 유명 인사든 서민이든 누구도 당신을 구하지 못하고, 미래에 당신의 업적에 신경 쓸 사람은 아무도 없을 것이다. 당신의 책이나 앨범이 수백만 부 팔리고 당신의 팬들로 운동경기장이 가득 채워진다 해도, 머지않아 당신 말에 신경 쓸 사람은 아무도 없을 것이다.

의식을 통해 세상을 경험하고 잠시나마 자연에 머물렀다는 사실에 감사한 마음을 지니는 것, 한마디로 '우아함'이라고 내가 이름 붙인 이 개념을 통해 인간은 정신적 안정을 찾을 수 있을 것이다. 아이스킬로스Aeschylos의 《아가멤논Agamemnon》에서 아르고스 노인들의 지도자는 "명예로운 죽음은 인간에게 우아함을 안겨준다"라고 말한다.[21] 지도자는 카산드라가 살해될 것을 알면서 그녀와 대화를 나누었다. '우아함'이라는 표현은 주로 개인이 죽음을 맞이할 때 거론되지만, 인간 문명의 종말을 받아들이는 상황에서도 의미가 달라지지 않는다. 우리가 그간 망쳐온 존재들과 거대한 축제와 같은 자연을 비교해보자. 비록 인간에게 피해를 입은 희생자가 자연 전체이고 우리도 그 희생자 가운데 하나일지라도, 인간이 저지른 잘못을 인정하면 개인적으로는 마음이 조금 가벼워진다.

《실낙원》에서 이브는 신의 은총에서 멀어진 벌로 죽음이 무엇인지 알게 되자, 아담에게 한 가지 제안을 한다. "어째서 우리는 결국 죽을 수밖에 없다는 두려움에 떨면서 살아가려 하는 것입니까?"(제10편, 1003) 두려움에 떨던 이브는 미래의 자손을 대신해 자살하면 이 형벌이 끝날 것으로 생각한다. "그러면 죽음은 포식을 허탕 치고 우리 둘로 그 굶주린 배를 채우려 할 것입니다."(990~991) 하지만 인류 첫 번째 부부는 끝내 형벌을 받아들이고 부모가 되는 길을 택한다. 아담과 이브는 예정된 길을 걸었다. 우리는 바꿀 수 없거나 바꿀 마음이 없는 항로를 따르고 있다. 하늘이 무너지기 전까지 모든 사람이 할 수 있는 최선의 방법은 물이 풍부한 지구에서 우리와 함께 고통받는 다른 존재에게 더 친절하고 인간적으로 대하는 것이다. 우리가 잘해 나간다면 이 모든 것이 기대보다 오랫동안 지속될지 누가 알겠는가?

주

머리말

1. Yuval Noah Harari, *Homo Deus: A Brief History of Tomorrow*(London, 2016). (한국어판: 유발 하라리 지음, 김명주 옮김, 《호모 데우스》, 김영사, 2017)

2. 호모 나르키소스에 관한 설명문은 마운트세인트조지프대학교 명예교수이자 고전학자인 마이클 클라분데Michael Klabunde가 라틴어로 번역했다.

3. P. G. Wodehouse, *My Man Jeeves*(London, 1919), Chapter Two. (한국어판: 펠럼 그렌빌 우드하우스 지음, 김승욱 옮김, 《펠럼 그렌빌 우드하우스》, 현대문학, 2018)

1장

1. 피부는 지구 생물권을 이해하는 데 유용한 비유다. 체격이 큰 사람을 기준으로, 피부에서 신체 조직까지의 깊이는 행성 표면에서 내부 중심까지의 거리와 유사하다. 지구 반경 6,371킬로미터에서 생물권에 해당하는 영역의 평균 두께는 5킬로미터다. 이는 생명체가 행성의 가장 바깥쪽을 중심으로 0.3퍼센트 이내에 존재한다는 것을 의미한다. 사람의 피부 두께는 0.5~4.0밀리미터다. 허리둘레가 200센티미터인 사람의 내부 반경을 32센티미터, 피부 두께를 1밀리미터라고 하면 이 사람은 행성과 기하학적으로 유사한 살아 있는 모델이 된다. 어림잡아 계산하면, 허리둘레가 평균인 사람의 피부 두께/조직 두께의 비율과 지구 생물권/반지름의 비율은 유사하다.

2. 탄소는 나중에 초신성이 되는 거대 항성의 폭발에서 생성될 뿐만 아니라 태양처럼 중간 크기의 별이 붕괴될 때도 나온다. 금이나 우라늄처럼 무거운 원소의 생성에는 중성자별이 관여하는데, 초신성보다 중성자별이 충돌할 때 더 많은 에너지가 나오고, 중력파도 방출되어 우주 구조를 교란한다.

3. 로마 정치가 보이티우스Anicius Manlius Boethius는 감금된 상황에도 사색을 즐겼다. 523년 반역죄로 이탈리아 북부에서 가택 연금된 보이티우스는 그를 잡아들인 동고트족에게 몽둥이로 맞아 죽었다.

감금된 동안 그는 그리스 철학에서 위로를 받고 저서인 《철학의 위안The Consolation of Philosophy》을 남겼다. Boethius, *The Consolation of Philosophy*, trans. Patrick G. Walsh(Oxford, 1999). (한국어판: A. 보에티우스 지음, 박문재 옮김, 《철학의 위안》, 현대지성, 2018)

4. David Benatar, *Better Never to Have Been: The Harm of Coming into Existence*(Oxford, 2006).

5. 중간 크기에 나선형 구조인 은하계가 시간당 80만 킬로미터 속도로 회전하면 한 바퀴를 도는 데 2억 3,000만 년이 걸린다.

6. Roger Highfield, 'Colonies in Space May Be the Only Hope, says Hawking', www.telegraph.co.uk, 16 October 2001 참고.

7. 케임브리지대학교 영문학과 교수 배질 윌리Basil Willey(1897~1978)가 남긴 말이다.

8. 플랑크 시간이란 빛이 진공상태에서 하나의 플랑크 길이를 지나가는 데 걸리는 시간으로, 물리학자들은 플랑크 시간을 '어떠한 의미를 갖는 가장 짧은 시간'이라고 말한다. 플랑크 시간은 5.39×10^{-44}초, 플랑크 길이는 1.62×10^{-35}미터다. 플랑크 시간과 플랑크 길이는 독

일의 물리학자 막스 플랑크Max Planck(1858~1947)가 제안했다.

9. 손상되지 않은 오존층의 두께는 약 3밀리미터에 불과하다. 독일 철학자 고트프리트 라이프니츠Gottfried Wilhelm Leibniz의 "세상에 존재 가능한 모든 것 중 최고the best of all possible worlds"라는 표현은 볼테르Voltaire의 위대한 저서 《캉디드 혹은 낙관주의Candide, ou l'Optimisme》에서 풍자되었다. Voltaire, *Candide, ou l'Optimisme*(Paris, 1759). (한국어판: 볼테르 지음, 이봉지 옮김, 《캉디드 혹은 낙관주의》, 열린책들, 2009)

10. Thomas Hobbes, *Leviathan*, ed. Noel Malcolm(Oxford, 2012), vol. II, p. 135. (한국어판: 토머스 홉스 지음, 최공웅·최진원 공역, 《리바이어던》, 동서문화사, 2016)

2장

1. Ovid, *Metamorphoses*, trans. Arthur Golding(London, 2002), Book I, lines 101~102. (한국어판: 오비디우스 지음, 천병희 옮김, 《변신 이야기》, 숲, 2017)

2. Joseph Conrad, *Heart of Darkness*(London, 1983), p. 66. (한국

어판: 조지프 콘래드 지음, 이석구 옮김, 《어둠의 심연》, 을유문화사, 2008)

3. 'choano'는 깔때기를 의미하는 그리스어 'khoane'에서 유래했는데, '깃'이 깔때기의 형태와 닮았기 때문이다. 'flagellate'는 채찍을 의미하는 라틴어 'flagellum'에서 유래했다.

4. 깃편모충류가 지닌 접합 단백질의 기능은 뚜렷하게 밝혀지지 않았지만, 박테리아를 인식해서 포획한다는 설명이 상당히 설득력 있다. Scott A. Nichols et al., 'Origin of Metazoan Cadherin Diversity and the Antiquity of the Classical Cadherin/β-Catenin Complex', *Proceedings of the National Academy of Sciences,* CIX(2012), pp. 13046~13051 참고.

5. 우산의 본래 기능이 비를 막아주는 것인 만큼, 우산대와 손잡이는 마지막으로 만들 것이다. 같은 맥락에서 빛에 반응하는 색소가 먼저 발달한 뒤 눈의 수정체가 진화했다. 적절한 화학 신호 체계가 갖추어져 있으면 색소 한 점만 있어도 빛을 감지하여 수정체 없이도 유용하게 기능할 수 있다.

6. Roberto Feuda et al., 'Improved Modeling of Compositional

Heterogeneity Supports Sponges as Sister to All Other Animals', *Current Biology*, XXVII(2018), pp. 3864~3870.

7. 자연계에서 동물과 균류가 합쳐진 집단을 후편모생물opisthokonta이라고 부른다. 이 독특한 이름은 뒤에 꼬리가 달렸음을 의미하는데, 그리스어로 '뒤'를 의미하는 단어 'opistho'와 '막대'를 의미하는 단어 'kontos'가 합쳐진 것이다. 여기서 말하는 꼬리가 편모다. 우리는 향긋한 송로버섯이나 송로버섯을 찾는 암퇘지와 마찬가지로 후편모생물이다. 송로버섯이나 주름버섯은 운동 세포를 생산하지 못하지만, 수생 균류는 동물과 균류에 공통 역사가 있었음을 암시하는 편모 세포를 생산한다.

8. 몇 년 전 오하이오주 공영 라디오 방송국의 생방송에서 '창조 박물관'에 대해 비평하는 영광스러운 기회를 얻었다. 이 불명예스러운 '박물관'은 실제로는 켄터키주에 설립된 '교회'인데, 6,000년 전 《성경》의 말씀대로 조화로운 지구가 탄생했다는 환상적인 생각을 전파하고 있다. 창조 박물관은 히브리 저자들이 〈창세기〉에서 은유적 표현을 담았을 가능성을 일축하고, 행성과 생물을 창조한 6일간의 시간을 문자 그대로 해석한다. 나는 호주인 박물관 설립자 켄 햄Ken Ham의 주장에 온 힘을 담아 반박했다. 하지만 켄 햄은 흔들리지 않았고, 특히 인간을 유인원의 일종으로 묘사한 것에 화가 난 것

같았다. 돌이켜보면 목욕용 스펀지와 버섯과 인간 사이의 공통 조상을 예로 드는 편이 더 좋았을 것 같다. 그랬다면 아마도 그의 머리에서 불꽃이 튀었을 것이다.

9. T. D. Kenny and P. L. Beales, *Ciliopathies: A Reference for Clinicians*(Oxford, 2014).

10. J. A. R. Tibbles and M. M. Cohen, 'The Proteus Syndrome: The Elephant Man Diagnosed', *British Medical Journal*, CCXCIII(1986), pp. 683~685; Marjorie J. Lindhurst et al., 'A Mosaic Activating Mutation *AKT1* Associated with the Proteus Syndrome', *New England Journal of Medicine*, CCCLXV(2011), pp. 611~619.

11. 이 글은 아이작 왓츠의 책 《서정시Horae Lyricae》에 수록된 시 〈거짓 위대함False Greatness〉을 메릭이 각색한 것이다. Isaac Watts, *Horae Lyricae: Poems, Chiefly of the Lyric Kind, in Two Books*(London, 1706), pp. 107~108.

3장

1. *Lucian*, vol. VI, trans. K. Kilburn, Loeb Classical

Library(Cambridge, MA, 1959), p. 177. 헤로도토스는 필리피데스가 전투 전에 지원군 요청을 위해 아테네에서 스파르타로 달렸다고 밝힌 바 있다. Herodotus, *The Landmark Herodotus: The Histories*, trans. Andrea L. Purvis(New York, 2007), book VI, Chapter 106, p. 469 참고. 매년 열리는 울트라마라톤 '스파르타슬론'에서는 필리피데스를 기념한다. 스파르타슬론에서 세워진 최고 기록 20시간 25분은 1984년 우승한 그리스 육상 선수, '달리기의 신' 야니스 쿠로스Yiannis Kouros가 보유하고 있다.

2. 나는 저서 《블룸필드 씨의 과수원: 버섯, 곰팡이, 그리고 균류학자들의 신비로운 세계Mr. Bloomfield's Orchard: The Mysterious World of Mushrooms, Molds, and Mycologists》에서 다음과 같이 서술했다. "만약 균류가 환자의 다리뼈를 썩게 하거나 누군가의 뇌를 먹어 치우고, 어린이의 얼굴을 집어삼킬 수 있다면, 인간은 정글의 벌거벗은 유인원 왕일까? 아니면 곰팡이 왕의 저녁 식사일까?" Nicholas P. Money, *Mr Bloomfield's Orchard: The Mysterious World of Mushrooms, Molds, and Mycologists*(New York, 2002), p. 21. 토머스 홉스도 저서 《자유, 필요성, 그리고 기회에 관한 질문The Questions Concerning Liberty, Necessity, and Chance》에서 비슷한 생각을 전했다. "사자가 인간을 먹고 인간이 소를 먹을 때, 왜 소는 사자를 위한 인간이 아니라 단순히 '인간'을 위해 존재하는 것일까?" Thomas Hobbes, *The*

Questions Concerning Liberty, Necessity, and Chance(London, 1656), p. 141.

3. 으깬 감자의 포만감 지수는 일반 음식 가운데 흰 빵보다 세 배 높다. 포만감 지수란 다양한 식품을 대상으로 포만감을 느끼게 하는 능력을 측정한 것이다. Susanna H. Holt et al., 'A Satiety Index of Common Foods', *European Journal of Clinical Nutrition*, XLIX(1995), pp. 675~690.

4. 자연계에서 일어나는 효소 화학반응 가운데 엽록소와 헤모글로빈 분자(둘 다 포르피린 계열)의 합성 반응은 상당히 인상적이다. 효소가 있다면 순식간에 끝날 반응도, 효소 없이는 23억 년이 소요된다. C. A. Lewis and R. Wolfenden, 'Uroporphyrinogen Decarboxylation as a Benchmark for the Catalytic Proficiency of Enzymes', *Proceedings of the National Academy of Sciences,* CV(2008), pp. 17328~17333.

5. H. F. Helander and L. Fändriks, 'Surface Area of the Digestive Tract – Revisited', *Scandinavian Journal of Gastroenterology,* XLIX (2014), pp. 681~689.

6. 학교 생물 수업 시간에 계통수 그림을 본 내 친구는 오늘날에도 수많은 아메바가 살아 있다며 "진화는 말이 안 돼. 그 아메바들은 언제 인간으로 진화하는 건데?"라고 내게 말했다. 아마도 이 친구는 현재 〈포천〉 선정 500대 기업을 경영하고 있을 것이다.

7. Eva Bianconi et al., 'An Estimation of the Number of Cells in the Human Body', *Annals of Human Biology*, XL(2013), pp. 463~471. 성인의 몸을 이루는 세포 수는 3.72×10^{13}인 것으로 추정된다.

8. 분당 평균 심박수를 70회로 보고 하루 평균으로 환산하면 10만 800회다. 순환계의 전체 길이 추정치는 다음 글을 참고했다. Benjamin W. Zweifach, 'The Microcirculation of the Blood', *Scientific American*, CC(1959), pp. 54~60.

9. 전자를 잃는 것이 산화oxidation다. 산화 반응은 다른 물질에서 전자를 받는 환원reduction 반응과 균형을 이룬다. 산화 반응과 환원 반응이 합쳐져 산화·환원redox 화학반응이 일어난다. 산소는 산화제 역할을 하는 여러 화합물 가운데 하나로, 다른 물질에서 전자를 받는다. 당 대사 작용의 마지막 반응에서 산소는 전자를 얻고 양성자(전하를 띤 수소 원자, H^+)와 결합해 물을 생성한다.

10. 미토콘드리아는 섭씨 50도 근처에서 생리학적 활동을 유지한다. 다음 논문을 참고하라. Dominique Chrétian et al., 'Mitochondria are Physiologically Maintained at Close to 50°C', *PLOS Biology*, XVI/1(2018), e2003992.

11. Heidi S. Mortensen et al., 'Quantitative Relationships in Delphinid Neocortex', *Frontiers in Neuroanatomy*, VIII(2014), DOI: 10.3389/fnana.2014.00132.

12. Irene M. Pepperberg, 'Further Evidence for Addition and Numerical Competence by a Grey Parrot(Psittacus erithacus)', *Animal Cognition*, XV(2012), pp. 711~717.

13. D.M.Bramble and D.E.Lieberman, 'Endurance Running and the Evolution of Homo', *Nature*, CDXXXII(2004), pp. 345~352.

14. Michael Roggenbuck et al., 'The Microbiome of New World Vultures', *Nature Communications*, V/5498(2014), DOI: 10.1038/ncomms6498.

15. Karen Hardy et al., 'The Importance of Dietary Carbohydrate in Human Evolution', *Quarterly Review of Biology*, XC(2015), pp. 251~268.

16. Herman Pontzer et al., 'Primate Energy Expenditure and Life History', *Proceedings of the National Academy of Sciences,* CXI(2014), pp. 1433~1437.

17. 최신 데이터는 www.worlddata.info와 www.indexmundi.com에서 확인할 수 있다.

18. 충만론plenism, 다른 말로 공허에 대한 공포는 아리스토텔레스가 만든 철학적 개념이다. 이 말은 1532년부터 1564년까지 다섯 권으로 출판된 프랑수아 라블레François Rabelais의 소설 《가르강튀아와 팡타그뤼엘The Life of Gargantua and Pantagruel》에서 "자연은 진공을 싫어한다natura abhorret vacuum"라는 표현으로 다시 등장했다.

19. 바이러스는 세포로 구성된 다른 어떤 생물 종보다 DNA와 RNA에 많은 정보를 암호화한다. 대부분의 생물학자는 바이러스를 다른 생명체와는 별도로 취급하는데, 바이러스를 생물로 보는 것에 의문을 품고 있기 때문이다. Nicholas P. Money, *Microbiology: A Very Short Introduction*(Oxford, 2014), p. 18.

20. Shoukat Afshar-Sterle et al., 'Fas Ligand-mediated Immune Surveillance by T Cells is Essential for the Control of Spontaneous B Cell Lymphomas', *Nature Medicine*, XX(2014), pp. 283~290.

21. Hans Zinsser, *Rats, Lice and History*(Boston, MA, 1935), p. 185. 1935년 한스 진서Hans Zinsser가 발표한 내용이 이 책의 토대가 되었다. "지금까지의 인간과 쥐는 동물들 가운데 가장 성공한 가해자에 불과하다. 이 둘은 다른 형태의 생명을 완전히 파괴한다. 게다가 다른 생물 종에게 전혀 도움이 되지 않는다."

22. 이 표현은 《효모의 발흥: 당 의존균이 어떻게 문명을 형성했는가The Rise of Yeast: How the Sugar Fungus Shaped Civilization》에서 인용했다. Nicholas P. Money, *The Rise of Yeast: How the Sugar Fungus Shaped Civilization*(Oxford, 2018), p. 172. 인간 몸무게의 절반 이상이 물에 해당하고, 5분의 1은 단백질, 또 다른 5분의 1은 지방과 골격을 이루는 미네랄로 균형 잡혀 있다. 이 정보는 시체를 화학적으로 분석해 얻은 결과다. Harold H. Mitchell et al., 'The Chemical Composition of the Adult Human Body and its Bearing on the Biochemistry of Growth', *Journal of Biological Chemistry*, CLVIII(1945), pp. 625~637; Steven B. Heymsfield et al., eds, *Human Body Composition*, 2nd edn(Champaign, IL, 2005).

4장

1. DNA 이중나선의 두께는 2나노미터(2×10^{-9}미터)로, 인간 세포당 DNA의 총길이는 2미터, 두께 대 길이의 비율은 $1:10^9$이다. 연필 두께가 8밀리미터이므로 DNA 두께 대 길이 비율로 환산하면 연필의 길이는 8×10^9밀리미터, 즉 8,000킬로미터가 된다. DNA가 작은 세포핵 속에 단단히 감겨 있는 것에 대응시킨다면, 길이 8,000킬로미터의 연필은 욕조 안에 구겨 넣어야 한다.

2. 해부학자 윌리엄 하비(1578~1657)는 1650년대에 이러한 견해를 받아들였고, 프란체스코 레디Francesco Redi(1626~1697)는 실험적 증거와 함께 알에서 부화하는 곤충의 유충에 관해 자세히 설명했다.

3. 미코플라스마는 세포 지름이 0.2~0.3마이크로미터 정도로 작은 박테리아다. 마이크로미터μm 단위는 1미터의 100만분의 1이다. 미생물학자들은 콜로라도의 지하수 표본에서 더 작은 박테리아를 찾았지만, 그 작은 박테리아의 생태는 거의 알려져 있지 않다. 전염성 바이러스 입자는 박테리아보다 상당히 작지만, 세포가 아니다. 흰긴수염고래는 현존하는 동물 중 가장 크지만, 버섯 군집이 만든 균사체가 흰긴수염고래를 능가할 정도로 큰 경우도 있다. Nicholas P. Money, *Mushrooms: A Natural and Cultural*

History(London, 2017) 참고.

4. BBC 라디오와 텔레비전 해설자들은 '특별한'이라는 형용사를 무의미하게 사용한다. 과학자와 역사가는 무엇을 묘사하든 더는 특별할 수 없을 정도로 이 용어를 남발한다. 만약 방송에서 해설자들이 설명하는 조개껍데기가 정말 특별하다면, 그런 식으로 해변에 던져졌을 리 없다.

5. 정자가 태어나지 않은 아이의 축소판이고 어머니는 단순히 인큐베이터 역할을 한다고 믿었던 현미경학자 안톤 판 레이우엔훅Anton van Leeuwenhoek(1632~1723)은 인간 번식을 이해하는 데 심각한 혼란을 유발했다. 현대판 레이우엔훅인 니콜라스 하르트수커르Nicolaas Hartsoeker는 정자 세포의 머리에 호문쿨루스homunculus라고 부르는 작은 남자가 살고 있다는 개념을 발전시켰다. 레이우엔훅과 하르트수커르가 호문쿨루스 자체를 보았다고 주장한 것은 아니다. Kenneth A. Hill, 'Hartsoeker's Homunculus: A Corrective Note', *Journal of the History of the Behavioral Sciences*, XXI(1985), pp. 178~179 참고.

6. 더 큰 유전체가 존재할 가능성도 있지만, 전체 유전체를 배열하여 확인한 결과, 일본백합의 유전체가 가장 컸다.

7. Jean-Michel Claverie, 'What If There Are Only 30,000 Human Genes?', *Science*, CCXCI(2001), pp. 1255~1257.

8. A. F. Palazzo and T. R. Gregory, 'The Case for Junk DNA', *PLOS Genetics*, X/5(2014), e1004351.

9. The 1000 Genomes Project Consortium, 'A Global Reference for Human Genetic Variation', *Nature*, DXXVI(2015), pp. 68~74.

10. Ning Yu et al., 'Larger Genetic Differences within Africans than between Africans and Eurasians', *Genetics*, CLXI(2002), pp. 269~274; L. B. Jorde and S. P. Wooding, 'Genetic Variation, Classification and "Race"', *Nature Genetics Supplement*, XXXVI(2004), pp. S28~33.

11. Carl C. Bell, 'Racism: A Symptom of the Narcissistic Personality Disorder', *Journal of the National Medical Association*, LXXII(1908), pp. 661~665.

5장

1. Jamie A. Davies, *Life Unfolding: How the Human Body Creates*

Itself(Oxford, 2014). 이 책에는 인간 배아가 무엇인지 잘 소개되어 있다.

2. 볼복스Volvox는 수천 개의 세포가 구형 군집을 이룬 아름다운 녹색 조류다. 각 세포가 지닌 섬모 한 쌍의 운동으로 물속에서 앞으로 나아간다. 물속에서 헤엄치는 볼복스는 행성이 움직이는 것처럼 능숙하게 천천히 회전한다. 볼복스의 모체 안에서 작은 군집이 만들어지며 번식한다. 새롭게 태어난 작은 볼복스의 섬모는 구형의 내부를 향한다. 성숙기에 접어들면 이들은 한쪽으로 눌리면서 안과 밖이 뒤집히며 섬모가 바깥쪽으로 나와 물속을 헤엄칠 수 있게 된다. 이러한 뒤집기 과정은 발생 과정 가운데 낭배 형성 과정과 비슷하기 때문에 배아 연구의 모델로 인정받고 있다. R. Schmitt and M. Sumper, 'Developmental Biology: How to Turn Inside Out', *Nature*, CDXXIV(2003), pp. 499~500 참고.

3. 원시선 한쪽 끝에 피트와 노드pit and node 구조가 생긴다. 2장에서도 언급된 노드는 체액을 이동시키는 섬모운동으로 배아 좌우 축 발달 과정에 관여한다.

4. Janet Rossant, 'Human Embryology: Implantation Barrier Overcome', *Nature*, DXXXIII(2016), pp. 182~183.

5. I. Hyun, A. Wilkerson and J. Johnston, 'Embryology Policy: Revisit the 14-day Rule', *Nature*, DXXXIII(2016), pp. 169~171.

6. B. Prud'homme and N. Gompel, 'Evolutionary Biology: Genomic Hourglass', *Nature*, CDLXVIII(2010), pp. 768~769.

7. Robert L. Stevenson, *The Strange Case of Dr Jekyll and Mr Hyde*[1886](New York, 1980), p. 122. 헤르만 헤세가 1927년 발표한 빼어난 소설《황야의 이리Steppenwolf》는 인간의 진화적 발전 개념을 통해《지킬 박사와 하이드 씨》와 유사한 불안감을 다룬다.

8. Jean-Baptiste De Panafieu and Patrick Gries, *Evolution*, trans. Linda Asher(New York, 2011). 단순한 검은색 바탕에 동물 뼈대를 담은 패트릭 그리스Patrick Gries의 멋진 사진들은 동물의 다양성과 유사성을 동시에 보여준다.

9. Herman Melville, *Moby-Dick; or, The Whale*[1851](New York, 1992), p. 424. (한국어판: 허먼 멜빌 지음, 김석희 옮김,《모비딕》, 작가정신, 2011)

10. Edmund Spenser, *The Faerie Queene*[1590](London, 1987), Book I, Canto VI, 1~9. (한국어판: 에드먼드 스펜서 지음, 임성균 옮김, 《선녀 여왕》, 나남, 2007)

11. Karl H. Teigen, 'How Good is Luck? The Role of Counterfactual Thinking in the Perception of Lucky and Unlucky Events', *European Journal of Social Psychology*, XXV(1995), pp. 281~302.

12. Morgane Belle et al., 'Tridimensional Visualization and Analysis of Early Human Development', *Cell*, CLXIX(2017), pp. 161~173.

13. David J. Mellor et al., 'The Importance of "Fetal Awareness" for Understanding Pain', *Brain Research Reviews*, XLIX(2005), pp. 455~471.

14. 인간의 낙태를 허용하지 않는 동시에 동물 학대는 허용하는 불공평한 처사에 많은 작가가 투쟁해왔다. 이 논쟁은 균형 잡힌 시각이 돋보이는 다음 문헌에서 다룬다. Sherry F. Colb and Michael C. Dorf, *Beating Hearts: Abortion and Animal Rights*(New York, 2016).

6장

1. 인간 감정의 위대함을 신경 과학으로는 설명할 수 없다고 주장하는 기독교 학자들에게 영혼은 꼭 필요한 가설이다. 기독교 학자들은 자기주장을 펼치는 대신에 사랑처럼 찬란한 감정을 다루고, 기억해야 하는 일상을 뇌에 남기는 존재가 영혼이라는 것을 받아들이라고 우리에게 강요한다. 이 같은 기독교 측 주장과 신경 과학 사이의 의견 충돌을 곰곰이 따져보면, 단지 신학자들의 신앙심에 의해 영혼의 존재가 인정된다는 사실이 분명해진다. 영혼은 없다. 인간이 불멸할 가능성은 지렁이보다도 작다. 영혼이 없다는 생각에 내가 조금이라도 괴로웠던 적은 없다.

2. 아프리카코끼리의 뇌는 4.5~5킬로그램, 향유고래의 뇌는 8킬로그램이다.

3. 인간 뇌 반구 두 개의 피질 면적을 전부 합치면 0.24제곱미터다. 주름을 펴서 뇌 반구를 매끈하게 만들면 뇌의 지름은 0.39미터가 된다.

4. Michael O'Shea, *The Brain: A Very Short Introduction*(Oxford, 2006).

5. J. Polimeni and J. P. Reiss, 'The First Joke: Exploring the Evolutionary Origins of Humor', *Evolutionary Psychology*, IV(2006), pp. 347~366; R. Rygula, H. Pluta and P. Popik, 'Laughing Rats Are Optimistic', *PLOS ONE*, VII/12(2012), e51959.

6. Gillian M. Morriss-Kay, 'The Evolution of Human Artistic Creativity', *Journal of Anatomy*, CCXVI(2010), pp. 158~176. 영국 백인 남성의 편견일지 모르지만, 내 마음속에 가장 먼저 떠오른 인물이 터너와 밀턴이었기에 다른 문화권의 화가와 시인으로 대체하는 것은 솔직하지 못한 행동일 것이다.

7. '카르테시안Cartesian'은 데카르트의 라틴어 표기 '카르테시우스Cartesius'를 말하는 것이다.

8. A. B. Barron and C. Klein, 'What Insects Can Tell Us about Consciousness', *Proceedings of the National Academy of Sciences*, CXIII(2016), pp. 4900~4908; C. J. Perry, A. B. Barron and L. Chittka, 'The Frontiers of Insect Cognition', *Current Opinion in Behavioral Sciences*, XVI(2017), pp. 111~118.

9. Nicholas J. Strausfeld et al., 'Evolution, Diversity, and Interpretations of Arthropod Mushroom Bodies', *Learning and Memory*, V(1998), pp. 11~37.

10. Kevin Healy et al., 'Metabolic Rate and Body Size Are Linked with Perception of Temporal Information', *Animal Behavior*, LXXXVI(2013), pp. 685~696; Rowland C. Miall, 'The Flicker Fusion Frequencies of Six Laboratory Insects and the Response of the Compound Eye to Mains Fluorescent "Ripple"', *Physiological Entomology*, III(1978), pp. 99~106.

11. Arthur Schopenhauer, *Essay on the Freedom of the Will*, trans. Konstantin Kolenda(Mineola, NY, 2005), p. 24.

12. Andrew Gordus et al., 'Feedback from Network States Generates Variability in a Probabilistic Olfactory Circuit', *Cell*, CLXI(2015), pp. 215~227.

13. T. Brunet and D. Arendt, 'From Damage Response to Action Potentials: Early Evolution of Neural and Contractile Modules in Stem Eukaryotes', *Philosophical Transactions of the Royal Society B*,

CCCLXXI: 20150043(2015), DOI: 10.1098/rstb.2015.0043; P. Calvo and F. Baluška, 'Conditions for Minimal Intelligence across Eukaryote: A Cognitive Science Perspective', *Frontiers in Psychology*, VI(2015), DOI: 10.3389/fpsyg.2015.01329.

14. 점액 곰팡이 연구: R. P. Boisseau, D. Vogel and A. Dussutour, 'Habituation in Non-neural Organisms: Evidence From Slime Moulds', *Proceedings of the Royal Society B*, CCLXXXIII(2016), DOI: 10.1098/rspb.2016.0446; 조류의 눈 연구: T. A. Richards and S. L. Gomes, 'Protistology: How to Build a Microbial Eye', *Nature*, DXXIII(2015), pp. 166~167; 균류 군집에 관한 수치는 다음 문헌을 참고했다. G. W. Griffith and K. Roderick, *Ecology of Saprotrophic Basidiomycetes*(London, 2008), pp. 277~299; Nicholas P. Money, *Mushroom*(New York, 2011). 조류와 균류의 단일 세포는 연구원이 다양한 측정을 위해 마이크로피펫이라고 부르는 유리 바늘로 그들의 세포를 찌를 때면 민감한 반응을 보인다. 이 세포들은 자신을 공격한 바늘 끝부분에 세포질의 공기 방울을 즉각적으로 쏟아부으며 주위를 감싸는 일종의 면역반응을 나타낸다.

15. 2013년과 2014년에 호모 날레디 15명의 화석이 동굴에서 발견되었다. Lee R. Berger et al., 'Homo naledi, a New Species of the Genus Homo from the Dinaledi Chamber, South Africa', *eLife*, IV(2015), e09560; Paul H. G. M. Dirks et al., 'The Age of Homo naledi and Associated Sediments in the Rising Star Cave, South Africa', *eLife*, VI(2017), e24231.

16. Cosimo Posth et al., 'Deeply Divergent Archaic Mitochondrial Genome Provides Lower Time Boundary for African Gene Flow into Neanderthals', *Nature Communications*, VIII(2017), DOI: 10.1038/ncomms16046.

17. Thomas Hobbes, *De Cive: The English Version*[1651](Oxford, 1983), p. 34.(한국어판: 토머스 홉스 지음, 이준호 옮김, 《시민론: 정부와 사회에 관한 철학적 기초》, 서광사, 2013)

18. George R. Pitman, 'The Evolution of Human Warfare', *Philosophy of the Social Sciences*, XLI(2011), pp. 352~379; José M. Gómez et al., 'The Phylogenetic Roots of Human Lethal Violence', *Nature*, DXXXVIII(2016), pp. 233~237.

19. W. Gilpin, M. W. Feldman and K. Aoki, 'An Ecocultural Model Predicts Neanderthal Extinction through Competition with

Modern Humans', *Proceedings of the National Academy of Sciences*, CXIII(2016), pp. 2134~2139; Thomas Sutikna et al., 'Revised Stratigraphy and Chronology for Homo floresiensis at Liang Bua in Indonesia', *Nature*, DXXXII(2016), pp. 366~369.

20. 마리나 워너Marina Warner는 저서 《잔 다르크: 여성 영웅주의의 이미지Joan of Arc: The Image of Female Heroism》에서 잔 다르크를 댄서라고 은유적으로 묘사했다. Marina Warner, *Joan of Arc: The Image of Female Heroism*(Berkeley, CA, 1981). '오를레앙의 성처녀' 잔 다르크가 10대 시절에 춤을 췄다고 묘사하는 것이 단순한 판타지라는 사실을 우리는 거의 알지 못한다.

7장

1. Christopher Isherwood, *A Single Man*(New York, 1964), p. 186. (한국어판: 크리스토퍼 이셔우드 지음, 조동섭 옮김, 《싱글맨》, 창비, 2017)

2. 여성 세 명과 남성 세 명으로 구성된 나라에서, 여성 한 명이 20세가 되기 전에 아이 세 명을 낳고 그 후에 아이 세 명을 더 낳는다면, 이 아둔한 종족의 인구는 5세기 안에 1조 명으로 불어난다. 부

모가 자식을 낳은 후 사망한다고 가정해도, 1조 명이 되는 데는 490년이 걸릴 것이다. 만약 아무도 죽지 않는다고 가정하면, 1조 명이 되는 시기는 490년에서 단지 3년만 앞당겨진다. 즉, 출산 후의 죽음은 인구 증가에 거의 영향을 주지 않는다.

3. Christopher Marlowe, *The Tragical History of Dr Faustus*[1592](London, 1993), A-text, Scene 15, p. 72. (한국어판: 크리스토퍼 말로 지음, 이성일 옮김, 《포스터스 박사의 비극》, 소명출판, 2015)

4. Michael R. Rose, *Evolutionary Biology of Aging*(New York, 1991).

5. 로널드 A. 피셔Ronald A. Fisher, 존 B. S. 홀데인John B. S. Haldane, 피터 메더워Peter Medawar는 초기작에서 다음과 같이 썼다. "만약 유전자적 재난이 개인의 삶에서 충분히 늦은 시기에 일어난다면, 재난의 결과는 전혀 중요하지 않을 것이다." 이 말은 '자연선택의 힘은 나이가 들수록 약해진다는 것'을 의미한다. Peter B. Medawar, *An Unsolved Problem in Biology*(London, 1952), p. 18. 메더워는 또한 생식능력이 활발한 시기 이후의 삶은 "유해한 유전자의 영향력이 버려지는 쓰레기통"이라고 말했다(p. 23).

6. 이 문장에서 '떠맡기다foist'라는 단어를 사용한 것은 다음 세대

에 허락을 구할 기회가 없었기 때문이다.

7. 노화를 앞당기고 고령의 유기체를 죽게 하는 '죽음의 유전자'는 없지만, 닷거미fishing spider의 짝짓기 후 죽음은 DNA에 설계되어 있는 것으로 보인다. 암컷에게 정자를 전달한 수컷 거미는 암컷에게 달라붙어 웅크리고 죽는다. 이 과정은 암컷이 수컷을 공격할 때 사용하는 에너지를 아끼게 해준다. 결과적으로 암컷 거미가 건강한 자손을 가질 가능성은 증가하고, 수컷 유전자는 자손에게 전달되며 미래에 용감한 아버지로 기억되는 영광을 누린다. S. K. Schwartz, W. E. Wagner and E. A. Hebets, 'Spontaneous Male Death and Monogyny in the Dark Fishing Spider', *Biology Letters*, IX(2013), DOI: 10.1098/RSBL.2013.0113; S. K. Schwartz, W. E. Wagner and E. A. Hebets, 'Males Can Benefit from Sexual Cannibalism Facilitated by Self-sacrifice', *Current Biology*, XXVI(2016), pp. 2794~2799.

8. J. W. Shay and W. E. Wright, 'Hayflick, His Limit, and Cellular Ageing', *Nature Reviews Molecular Cell Biology*, I(2000), pp. 72~76; R. DiLoreto and C. T. Murphy, 'The Cell Biology of Aging', *Molecular Biology of the Cell*, XXVI(2015), pp. 4524~4531; Hyeon-Jun Shin et al., 'Etoposide Induced Cytotoxicity Mediated by

ROS and ERK in Human Lidney Proximal Tubule Cells', *Scientific Reports*, VI(2016), DOI: 10.1038/srep34064.

9. Leonard Hayflick, 'Entropy Explains Aging, Genetic Determinism Explains Longevity, and Undefined Terminology Explains Misunderstanding Both', *PLOS Genetics*, III/12(2005), e220, doi.org/10.1371/journal.pgen.0030220.

10. Emily Dickinson, 'Poem 605', *The Poems of Emily Dickinson*, ed. Ralph W. Franklin(Cambridge, MA, 1998), pp. 601~602.

11. Christopher Hitchens, *Mortality*(New York, 2010), p. 7. 크리스토퍼 히친스는 존 밀턴의 《리시다스Lycidas》에 등장하는 영웅처럼 "필적할 사람을 남겨두지 않고" 2011년 사망했다.

12. S. Jay Olshansky, 'Ageing: Measuring our Narrow Strip of Life', *Nature*, DXXXVIII(2016), pp. 175~176; X. Dong, B. Milholland and J. Vijg, 'Evidence for a Limit to Human Lifespan', *Nature*, DXXXVII(2016), pp. 257~259.

13. M. Depczynski and D. R. Bellwood, 'Shortest Recorded

Vertebrate Lifespan Found in a Coral Reef Fish', *Current Biology*, XV(2005), R288~289; Julius Nielsen et al., 'Eye Lens Radiocarbon Reveals Centuries of Longevity in the Greenland Shark(Somniosus microcephalus)', *Science*, CCCLIII(2016), pp. 702~704.

14. M. P. Gardner, D. Gems and M. E. Viney, 'Aging in a Very Short-lived Nematode', *Experimental Gerontology*, XXXIX(2004), pp. 1267~1276; Paul G. Butler et al., 'Variability of Marine Climate on the North Icelandic Shelf in a 1,357-year Proxy Archive Based on Growth Increments in the Bivalve Arctica islandica', *Palaeogeography, Palaeoclimatology, Palaeoecology*, CCCLXXIII(2013), pp. 141~151.

15. Lucretius, *De Rerum Natura(On the Nature of Things)*, Book III, 972~975, trans. William H. D. Rouse, revd Martin F. Smith, Loeb Classical Library(Cambridge, MA, 1992), pp. 264~265. 루크레티우스는 죽음에 대한 두려움이 비이성적이라는 전제를 내세우며 '대칭론' 개념을 발전시켰다. "우리가 태어나기 전에 누렸던 영원한 시간이 우리에게 아무런 영향을 주지 못했음을 돌이켜보라. 이는 자연이 우리에게 제시하는 거울로써 우리가 죽은 뒤의 시

간이 어떠한지 가르쳐주는 것이다."

16. Thomas M. Bartol et al., 'Nanoconnectomic Upper Bound on the Variability of Synaptic Plasticity', *eLife*, IV(2015), e10778.

17. M. Kaeberlein, C. R. Burtner and B. K. Kennedy, 'Recent Developments in Yeast Aging', *PLOS Genetics*, III/5(2007), e84.

18. Ferdinando Boero, 'Everlasting Life: The "Immortal" Jellyfish', *The Biologist*, LXIII/3(2016), pp. 16~19.

19. 이 장송곡은 심벨린의 장남 기데리우스Guiderius가 남동생이라고 생각했으나 실제로는 여동생이었던 이모젠Imogen의 장례식에서 부른 곡이다. 이모젠은 계모에 의해 독약을 먹었지만 실제로는 죽지 않았다. 록 밴드 캔자스Kansas는 그들의 곡 〈바람 속의 먼지Dust in the Wind〉에서 이 장송곡과 비슷한 감성을 표현했는데, 지금도 기억에 남아 있는 나의 10대 시절인 1970년대 후반에 리드싱어 스티브 월시Steve Walsh가 이 곡을 상당히 아름답게 불렀다.

20. P. Bjerregaard and I. Lynge, 'Suicide: A Challenge in Modern Greenland', *Archives of Suicide Research*, X(2006), pp. 209~220;

P. Bjerregaard and C. V. L. Larsen, 'Time Trend by Region of Suicides and Suicidal Thoughts among Greenland Inuit', *International Journal of Circumpolar Health*, LXXIV(2015), DOI: 10.3402/ijch.v74.26053.

21. Lizbeth González-Herrera et al., 'Studies on RNA Integrity and Gene Expression in Human Myocardial Tissue, Pericardial Fluid and Blood, and its Postmortem Stability', *Forensic Science International*, CCXXXII(2013), pp. 218~228; Ismail Can et al., 'Distinctive Thanatomicrobiome Signatures Found in the Blood and Internal Organs of Humans', *Journal of Microbiological Methods*, CVI(2014), pp. 1~7. 생물학을 공부한다면 다음 내용을 참고하라. 사망한 후에 심장과 다른 조직들은 혈류에서 산소와 포도당을 얻지 못한다. 따라서 죽음 후에는 저장된 지방산과 글리코겐을 사용하고, 해당작용解糖作用, glycolysis(산소 없이 포도당을 분해하여 에너지를 얻는 대사 과정 - 옮긴이)을 통해 유전자 발현에 필요한 아데노신삼인산Adenosine Tri-Phosphate: ATP을 얻는다.

22. "젊은 시절의 활력"이라는 구절은 셰익스피어의 희곡 《윈저의 즐거운 아낙네들The Merry Wives of Windsor》 2막 3장에서 인용한 것으로, 3막 1장에서 "나는 80년 이상을 살아왔다"라고 주장하는 로버

트 샐로의 대사다.

23. Jessica L. Metcalf et al., 'Microbial Community Assembly and Metabolic Function during Mammalian Corpse Decomposition', *Science*, CCCLI(2016), pp. 158~162.

24. Nicholas P. Money, *The Amoeba in the Room: Lives of the Microbes*(Oxford and New York, 2014), pp. 131~152.

25. A. A. Milne, *The House at Pooh Corner*(London, 1928). (한국어판: 알란 알렉산더 밀른 지음, 이종인 옮김, 《곰돌이 푸 이야기 전집》, 현대지성, 2016)

8장

1. D. Castelvecchi and A. Witze, 'Einstein's Gravitational Waves Found at Last', *Nature News*(11 February 2016), DOI: 10.1038/nature.2016.19361.

2. 칼 세이건은 1996년 미국 텔레비전 인터뷰에서 인상적인 말을 남겼다. "과학이란 지식의 집합을 넘어선 하나의 사고방식이다. 또

한 인간이 저지른 실수를 충분히 이해하면서 우주에 대한 지식을 얻는 회의적 방법이다."

3. 이 인용문은 프랜시스 베이컨의 저서 《대혁신Instauratio Magna》의 서문에 나오는데, 이 책은 자연철학의 부활과 재건을 목표로 했으나 계획대로 완성하지 못했다. 1620년 출간된 《신기관Novum Organum》은 《대혁신》의 2부에 해당한다.

4. Francis Bacon, *Novum Organum*[1620], Book I, LIV(Franklin Center, PA, 1980), p. 234. (한국어판: 프랜시스 베이컨 지음, 진석용 옮김, 《신기관》, 한길사, 2016)

5. James D. Watson, *The Annotated and Illustrated Double Helix*, ed. A. Gann and J. Witkowski(New York, 2012).

6. 왓슨은 다양한 방식으로 자기 평판에 손상을 입혔는데, 백인의 지적 우월성에 대한 논평이나 자신의 특별한 능력에 대해 말했던 사례에서 확인할 수 있다. www.biography.com에서 왓슨의 일대기를 참고하라.

7. 폴링이 제안한 삼중나선은 과학 저널 〈네이처〉에서 발행되었고,

이어서 〈미국국립과학아카데미회보Proceedings of the National Academy of Sciences〉에도 상세히 실렸는데, 이는 1950년대 그가 떨친 영향력과 추가 검토 없이 논문이 발표되던 관행을 보여준다. Melinda Baldwin, 'Credibility, Peer Review, and Nature, 1945~1990', *Notes and Records of the Royal Society of London*, LXIX(2015), pp. 337~352.

8. S. Harding and D. Winzor, 'Obituary: James Michael Creeth, 1924~2010', *The Biochemist*, XXXII/2(2010). www.biochemist.org에서 볼 수 있다.

9. 만약 로잘린드 프랭클린이 살아 있었다면 바이러스 엑스레이 연구로 노벨상을 받았을지 모른다. 프랭클린은 DNA 구조 규명에 기여한 이후 바이러스 엑스레이 연구를 완성했다.

10. Ralf Dahm, 'Friedrich Miescher and the Discovery of DNA', *Developmental Biology*, CCLXXVIII(2005), pp. 274~288. 고름 세포는 면역계에서 생성되는 백혈구다. 감염된 상처를 감은 붕대에서 모은 고름에 특정 세포가 집중되어 있었기 때문에, 미셔는 그 세포들을 실험 대상으로 삼았다. 미셔는 바젤에서 의학을 공부하고 독일 남부 튀빙겐에 세워진 중세 성에서 고름 세포를 연구했다.

11. 도로시 호지킨은 1964년 노벨 화학상을 받았다. 호지킨은 세 가지 과학 분야 가운데 한 분야에서 노벨상을 받은 유일한 영국 여성이다. Georgina Ferry, *Dorothy Hodgkin: A Life*(London, 2014).

12. 이탤릭체로 표기된 유전자 *CFTR*은 단백질 CFTR의 정보를 담고 있는데, 이 단백질은 로만체로 표기되며 낭포성 섬유증 막 관통 조절인자Cystic Fibrosis Transmembrane conductance Regulator의 약어다.

13. Lindsey A. George et al., 'Hemophilia B Gene Therapy with a High-specific-activity Factor IX Variant', *New England Journal of Medicine*, CCCLXXVII(2017), pp. 2215~2227; Savita Rangarajan et al., 'AAV5-factor VIII Gene Transfer in Severe Hemophilia A', *New England Journal of Medicine*, CCCLXXVII(2017), pp. 2519~2530.

14. James D. Watson, *The Annotated and Illustrated Double Helix*(New York, 2012), p. 9, note 5.

9장

1. 이 도입부는 에드워드 기번의 《로마 제국 쇠망사》에서 따온 것

이다. Edward Gibbon, *The Decline and Fall of the Roman Empire*, vol. IV, Chapter 38(New York, 1994), p. 119. (한국어판: 에드워드 기번 지음, 송은주·윤수인 공역, 《로마 제국 쇠망사》, 민음사, 2017) "하나의 도시가 제국으로 팽창한 이 경이로운 사건은 충분히 철학자의 관심을 끌 만하다. 그러나 로마의 쇠퇴는 무절제한 팽창이 이끈 자연스럽고 필연적인 결과였다. 로마가 번영하며 쇠퇴의 법칙이 무르익었고, 정복이 진행되며 파멸의 원인도 급격하게 증가했다. 시간이 흐르고 사건이 터지면서 인위적인 지지대가 사라지자 거대한 구조물은 자신의 무게에 눌려 붕괴했다. 이 패망의 이야기는 단순하고 명확하다. 우리는 로마 제국이 '왜' 멸망했는지 묻는 대신에 오히려 어떻게 그토록 오래 지속될 수 있었는지 놀라워해야 한다." 이 여섯 권의 걸작에 몰두하는 데 필요한 시간을 충분히 낼 수 있으면, 기번의 목소리는 평생의 동반자가 될 것이다.

2. 추가 정보는 다음 사이트나 문헌을 통해 확인할 수 있다. 지구온난화: https://climate.nasa.gov; 해양 산성화: www.whoi.edu/ocean-acidification, http://nas-sites.org/oceanacidification/; 플라스틱 폐기물이 일으킨 해양오염: www.sciencemag.org/tags/plastic-pollution; 대기오염: www.who.int/airpollution/en; 삼림벌채: www.worldwildlife.org/threats/deforestation; 줄어드는 초원: Karl-Heinz Erb et al., 'Unexpectedly Large Impact of Forest

Management and Grazing on Global Vegetation Biomass', *Nature*, DLIII(2018), pp. 73~76; 줄어드는 호수: Kate Ravilious, 'Many of the World's Lakes are Vanishing and Some May be Gone Forever', *New Scientist*(4 March 2016). 다음 사이트에서 볼 수 있다. www.newscientist.com/article/2079562(2016); 사막화: www.un.org/en/events/desertificationday; 토양 침식: Pasquale Borrelli et al., 'An Assessment of the Global Impact of 21st Century Land Use on Soil Erosion', *Nature Communications*, VIII/2013(2017); 인구 예측: www.un.org/development/desa/en/news/population.

3. 기후변화에 따른 생물 다양성 위협: Rachel Warren et al., 'The Implications of the United Nations Paris Agreement on Climate Change for Globally Significant Biodiversity Areas', *Climatic Change*, CXLVII(2018), pp. 395~409; 극심한 기후: www.ucsusa.org; 가뭄: S. Mukherjeee, A. Mishra and K. E. Trenberth, 'Climate Change and Drought: A Perspective on Drought Indices', *Current Climate Change Reports*, IV(2018), pp. 145~163; 거대 포유류 멸종: Felisa A. Smith et al., 'Body Size Downgrading of Mammals Over the Late Quaternary', *Science*, CCCLX(2018), pp. 310~313; 어장 황폐화: Qi Ding et al., 'Estimation of Catch Losses Resulting from Overexploitation in the Global Marine

Fisheries', *Acta Oceanologica Sinica,* XXXVI(2017), pp. 37~44; 곤충 개체 수 감소: Caspar A. Hallmann et al., 'More than 75 percent Decline over 27 Years in Total Flying Insect Biomass in Protected Areas', *PLOS ONE*, XII/10(2017), e0185809; 식물 개체 수 감소: www.stateoftheworldsplants.com; 미생물 개체 수 감소: S. D. Veresoglou, J. M. Halley and M. C. Rillig, 'Extinction Risk of Soil Biota', *Nature Communications*, VI/8862(2015).

4. 다음 사이트에서 더 많은 정보를 확인할 수 있다. https://climate.nasa.gov/vital-signs/sea-level. 다음 문헌도 참고하라. The IMBIE Team, 'Mass Balance of the Antarctic Ice Sheet from 1992 to 2017', *Nature*, DLVIII(2018), pp. 219~222.

5. 인류의 기원은 몇몇 호모 사피엔스 무리가 합쳐져 현생인류가 되고, 아프리카 전역에 퍼져 있었던 사람속Homo에 근접한 종들이 교미했다는 증거가 드러나며 복잡해졌다. Eleanor M. L. Scerri et al., 'Did Our Species Evolve in Subdivided Populations across Africa, and Why Does it Matter?', *Trends in Ecology and Evolution*, XXXIII/8(2018), pp. 582~594 참조.

6. S. Wynes and K. A. Nicholas, 'The Climate Mitigation Gap:

Education and Government Recommendations Miss the Most Effective Individual Actions', *Environmental Research Letters*, XII(2017), 074024.

7. Thomas Malthus, *An Essay on the Principle of Population*(London, 1798). (한국어판: 토머스 맬서스 지음, 이서행 옮김, 《인구론》, 동서문화사, 2016)

8. Paul R. Ehrlich, *The Population Bomb*(New York, 1968). 이 책이 출판된 후, 반세기 동안 인구수는 두 배 증가했다. 2009년 폴 에를리히와 그의 아내 앤 에를리히는 "인구 폭발에 관련된 가장 심각한 문제는 미래를 너무 낙관적으로 보았다는 것이다"라고 밝혔다. 이 의견은 부부의 에세이 〈인구 폭탄 재론〉에서 확인할 수 있다. 'The Population Bomb Revisited', *Electronic Journal of Sustainable Development*, I/3(2009), p. 66.

9. 에오세Eocene世 시기에 이산화탄소 농도가 급격히 낮아지면서 온실이었던 지구를 얼음집으로 만들었다. 에오세에 바다에서 살았던 해양 유기체, 규조류diatoms는 그 시기에 발생했던 대기 구성 변화에 부분적으로 책임이 있을지 모른다. David Lazarus et al., 'Cenozoic Planktonic Marine Diatom Diversity and Correlation to Climate Change', *PLOS ONE*, IX/1(2014), e84857. 투명한 껍질에 싸인 규조류는 이산화탄소를 흡수하고 산소를 방출해 지구를 냉각시키고, 육지의 열대우림처럼 행성에 산소를 공급한다.

10. 최초의 학살 도구: Sonia Harmand et al., '3.3-million-year-old Stone Tools from Lomekwi 3, West Turkana, Kenya', *Nature*, DXXI(2015), pp. 310~315; 발사체 무기: Jayne Wilkins et al., 'Evidence for Early Hafted Hunting Technology', *Science*, CCCXXXVIII(2012), pp. 942~946; 활과 화살: Kyle S. Brown et al., 'An Early and Enduring Advanced Technology Originating 71,000 Years Ago in South Africa', *Nature*, CDXCI(2012), pp. 590~593.

11. Frédérik Saltré et al., 'Climate Change Not to Blame for Late Quaternary Megafauna Extinctions in Australia', *Nature Communications*, VII(2017), 10511.

12. R. P. Duncan, A. G. Boyer and T. M. Blackburn, 'Magnitude and Variation of Prehistoric Bird Extinctions in the Pacific', *Proceedings of the National Academy of Sciences*, CX(2013), pp. 6436~6441; Morten E. Allentoft et al., 'Extinct New Zealand

Megafauna Were Not in Decline before Human Colonization', *Proceedings of the National Academy of Sciences*, CXI(2014), pp. 4922~4927.

13. Smith et al., 'Body Size Downgrading of Mammals', pp. 310~313.

14. Nancy L. Harris et al., 'Using Spatial Statistics to Identify Emerging Hot Spots of Forest Loss', *Environmental Research Letters*, XII(2017), 024012.

15. Quirin Schiermeier, 'Great Barrier Reef Saw Huge Losses from 2016 Heatwave', *Nature*, DLVI(2018), pp. 281~282; Terry P. Hughes et al., 'Global Warming Transforms Coral Reef Assemblages', *Nature*, DLVI(2018), pp. 492~496.

16. 홀만Caspar A. Hallmann의 발표에 따르면 27년간 75퍼센트 이상 감소했다고 한다.

17. www.iucnredlist.org/details/136584/0에서 호모 사피엔스가 멸종 위기 종 적색 목록에 오른 것을 확인할 수 있다.

10장

1. Jean-Daniel Collomb, ‘The Ideology of Climate Change Denial in the United States’, *European Journal of American Studies*, IX/1(2014). 이 글은 미국의 기후변화 부정주의에 대한 이념적 기반을 논평한다.

2. A. S. Mase, B. M. Gramig and L. S. Prokopy, ‘Climate Change Beliefs, Risk Perceptions, and Adaptation Behavior among Midwestern U.S. Crop Farmers’, *Climate Risk Management*, XV(2017), pp. 8~17; J. E. Doll, B. Petersen and C. Bode, ‘Skeptical but Adapting: What Midwestern Farmers Say about Climate Change’, *Weather, Climate and Society*, IX(2017), pp. 739~751.

3. B. Basso and J. T. Ritchie, ‘Evapotranspiration in High-yielding Maize and Under Increased Vapor Pressure Deficit in the U.S. Midwest’, *Agricultural and Environmental Research Letters*, III(2018), 170039. 다른 연구 결과는 따뜻한 환경 조건에서 옥수수, 콩, 밀의 생산량이 지속해서 감소한다는 것을 보여준다. Bernhard Schauberger et al., ‘Consistent Negative Response of U.S. Crops to High Temperatures in Observations and Crop Models’, *Nature*

Communications, VIII(2018), 13931.

4. Tamma A. Carleton, 'Crop Damaging Temperatures Increase Suicide Rates in India', *Proceedings of the National Academy of Sciences*, CXIV(2017), pp. 8746~8751. 연구 결과를 두고 다소 비판을 받은 칼턴은 더 상세한 답변을 제시하며 맞섰다. T. A. Carleton, 'Reply to Plewis, Murari et al., and Das: The Suicide-temperature Link in India and the Evidence of an Agricultural Channel are Robust', *Proceedings of the National Academy of Sciences*, CXV(2018), pp. e118~121. 다음 논문에서는 기후변화가 아이들의 정신 건강에 미치는 영향을 우려했다. H. Majeed and J. Lee, 'The Impact of Climate Change on Youth Depression and Mental Health', *Lancet Planetary Health*, I(2017), e94~95.

5. A. Cunsolo and N. R. Ellis, 'Ecological Grief as a Mental Health Response to Climate Change-related Loss', *Nature Climate Change*, VIII(2018), pp. 275~281.

6. Maggie Astor, 'No Children Because of Climate Change? Some People Are Considering It', *New York Times*(5 February 2018). 존 밀턴의 감성이 떠오르는, 이 가슴 아픈 에세이는 인터넷에 다

음과 같이 게재되었다. Madeline Davies, 'With Environmental Disasters Looming, Many Are Choosing Childless Futures', 5 February 2018, www.jezebel.com.

7. Roy Scranton, *Learning to Die in the Anthropocene: Reflections on the End of Civilization*(San Francisco, CA, 2015), p. 21.

8. A. R. Jadad and M. W. Enkin, 'Does Humanity Need Palliative Care?', *European Journal of Palliative Care*, XXIV(2017), pp. 102~103.

9. Eric M. Jones, 'Where Is Everybody?', *Physics Today*, XXXVIII(1985), p. 11.

10. 원자폭탄의 파괴력은 핵분열에서 나오고, 수소폭탄은 핵분열과 핵융합 반응의 결합으로 추가적인 폭발력을 얻는다. 원자폭탄에 기존 폭탄과 같은 화학적 폭발을 일으키면 우라늄이나 플루토늄과 같은 방사성 원소는 더욱 가벼운 물질로 분열되면서 열과 감마선을 방출한다. 수소폭탄, 즉 핵융합 무기는 핵분열 반응을 이용해 원자폭탄보다 훨씬 더 큰 에너지를 방출하는 2차 핵융합 반응을 일으킨다.

11. David C. Catling, *Astrobiology: A Very Short Introduction*(Oxford, 2013).

12. 파스타파리언Pastafarian(FSM 신도를 말함 – 옮긴이)에게 무례하게 행동하려는 의도는 아니다. www.venganza.org 참고.

13. Christiana Figueres et al., 'Three Years to Safeguard Our Climate', *Nature*, DXLVI(2017), pp. 593~595. 이 자극적인 논평의 저자들은 2020년 지구 온도의 상승치를 산업 시대 이전 지구 온도를 기준으로 섭씨 1.5도 이내로 제한하는 목표를 제시한다. 이 목표치는 2015년 파리 협정에서 정해졌다.

14. 이 인상적인 문구는 도어스의 앨범 〈아메리칸 프레이어An American Prayer〉(Elektra/Asylum Records, 1978)에 수록된 짐 모리슨의 곡 〈아메리칸 나이트American Night〉에서 따온 것이다.

15. Arthur Schopenhauer, *Studies in Pessimism: A Series of Essays by Arthur Schopenhauer*, trans. T. B. Saunders(St Clair Shores, MI, 1970), p. 11. 조지 엘리엇George Eliot은 자신의 소설 《미들마치Middlemarch》에서 세상이 고통스러워하는 소리를 듣는 것을 "침묵의 반대편에 놓인 절규"라고 표현했다.

16. '바이오필리아'라는 용어는 에리히 프롬Erich Fromm의 저서 《파괴란 무엇인가The Anatomy of Human Destructiveness》에서 처음 등장했고, E. O. 윌슨의 저서 《바이오필리아》를 통해 널리 알려졌다. Erich Fromm, *The Anatomy of Human Destructiveness*(New York, 1973); E. O. Wilson, *Biophilia*(Cambridge, MA, 1984). (한국어판: 에리히 프롬 지음, 유기성 옮김, 《파괴란 무엇인가》, 홍익사, 1979; 에드워드 윌슨 지음, 안소연 옮김, 《바이오필리아》, 사이언스북스, 2010)

17. Ryan Gunderson, 'Erich Fromm's Ecological Messianism: The First Biophilia Hypothesis as Humanistic Social Theory', *Humanity and Society*, XXXVIII(2014), pp. 182~204.

18. 윌슨은 자연을 선천적으로 혐오할 수도 있다는 선택권도 포함하도록 바이오필리아의 정의를 확대하여, 이러한 주장을 설득하려고 노력했다. 윌슨의 시도는 영국과 영국인에 대한 반감을 영국 숭배Anglophilia라는 개념으로 묶으려는 것만큼 말이 되지 않는다. 바이오필리아에 관한 자세한 비평은 다음을 참고하라. Y. Joye and A. de Block, '"Nature and I Are Two": A Critical Examination of the Biophilia Hypothesis', *Environmental Values*, XX(2011), pp. 189~215.

19. Eric Jensen, 'Evaluating Children's Conservation Biology Learning at the Zoo', *Conservation Biology*, XXVIII(2014), pp. 1004~1011; Michael Gross, 'Can Zoos Offer More Than Entertainment?', *Current Biology*, XXV(2015), pp. R391~394.

20. Samuel Beckett, *Waiting for Godot: A Tragicomedy in Two Acts*(New York, 1954), Act II, p. 61. (한국어판: 사뮈엘 베케트 지음, 김문해 옮김, 《고도를 기다리며》, 동서문화사, 1999)

21. Aeschylus, *The Oresteia*, trans. Robert Fagles(London, 1984), p.50.

감사의 말

이 책의 초안을 읽고 조언해준 다이애나 데이비스Diana Davis와 주디스 머니Judith Money에게 감사의 말을 전한다. 시인이자 시나리오 작가인 잭 힐Zack Hill은 문법 선생님이자 비평가로서 내게 가장 큰 도움을 주었다. 리액션 북스Reaktion Books의 마이클 리먼Michael Leaman은 내가 일전에 이메일로 고마움을 표현한 것보다도 더 큰 힘이 되어주었다. 그는 유인원 중에서 가장 이기적이지 않다.